精品男人书

谭晓明◎编著

中国华侨出版社
·北京·

图书在版编目(CIP)数据

精品男人书/谭晓明编著.—北京:中国华侨出版社,2012.12(2024.7重印)

ISBN 978-7-5113-2960-8

Ⅰ.①精… Ⅱ.①谭… Ⅲ.①男性-修养-通俗读物 Ⅳ.① B825-49

中国版本图书馆 CIP 数据核字(2012)第 256985 号

精品男人书

编　　著：谭晓明
责任编辑：唐崇杰
封面设计：胡椒书衣
经　　销：新华书店
开　　本：710 mm×1000 mm　1/16 开　　印张：12　　字数：136 千字
印　　刷：三河市富华印刷包装有限公司
版　　次：2012 年 12 月第 1 版
印　　次：2024 年 7 月第 2 次印刷
书　　号：ISBN 978-7-5113-2960-8
定　　价：49.80 元

中国华侨出版社　北京市朝阳区西坝河东里 77 号楼底商 5 号　邮编：100028
发 行 部：(010)64443051　　　传　　真：(010)64439708
网　　址：www.oveaschin.com　　E-mail：oveaschin@sina.com

如果发现印装质量问题,影响阅读,请与印刷厂联系调换。

前言 Preface

每个男人都有自己不同的价值品位。那么，作为男人，你的品位是什么呢？你又该如何将自己打造成精品男人呢？

物以类聚，人以"层"分，从表面到灵魂，你的层次决定了你是什么样的人，决定了你的社会地位与自我形象。层次决定了我们的行为和语言，层次决定了我们穿衣、吃饭和谈话的方式，层次决定了我们该拥有什么。

层次用选择说话，以行动上色。无论是挑选一件衣服的品牌，还是选择一本书、一张唱片；无论是选择一种职业，还是选择一个伴侣，层次上的选择都在影响和指导着人类行为的方方面面。层次是一张标签。它会告诉人们你是谁，会告诉人们你是不是一个精品男人。

那么，何为"精品男人"呢？一个精品男人必须具备准确敏锐的洞察力，杰出的创造能力，对生存环境有一定的宽容能力。男人咀嚼生活，感悟人生，在尝遍艰难困苦，历尽沧桑之后，才有这样的一种刚毅。精品男人带有一种坚不可摧的勇气，在面对得失时能付之一笑，在惨遭打击时能坚强挺立。

精品男人自有一种高雅的情调。精品男人犹如一杯醇美的烈酒，细细品味，才能让人读懂其真正的内涵，才能回味其沁人的芳香。做个精品男人，就要具有一种特有的气质，这气质是岁月留在男人身上不经意间流露出来的一种东西。

　　精品男人对事物有自己独特的见解，他的一举手一投足，都能体现出一种与众不同、超凡脱俗的成熟品位。精品男人会为自己留下一点儿空闲时间去经营感情、培养爱好、放松身心。要知道，只知道奋斗不懈，不懂得休闲生活，只会使幸福渐行渐远。

　　这是一部献给高品位男士的生活百科全书，内容涵盖男人生活的方方面面，对男人在生活中遇到的诸多困惑给予了实用性的指导，是高品位男人必备的生活指南和修炼圣经。倘若能按照书里面提示的内容去做，内外兼修，你便会脱胎换骨，从一个普通男性迅速变成周围人眼中的新亮点——一个精品男人！

目录 Contents

第一辑

精品男人源于自身的修养

男人的品位源于男人自身的修养。有品位的男人，犹如一杯醇美的烈酒，细细品味，才能让人读懂其真正的内涵，才能回味其沁人的芳香。做个精品男人，就要具有一种特有的气质。

良好的修养就是一笔人生财富 //002

自身的缺憾就是奋斗的动力 //005

沉静内敛，是一种内在的力量 //007

默默地储备，就可能一鸣惊人 //009

用礼貌的话语装点自己的品位 //012

批评和指责时也要注意修养 //015

有品位的人善于"请教" //017

文雅多一点，品位高一点 //019

第二辑

精品男人是一种超凡脱俗的成熟表现

精品男人对事物有自己独特的见解，他的一举手一投足，都能体现出一种与众不同、超凡脱俗的成熟品位。他能使平淡的生活充满诗意，平凡的人生活得精彩。

成熟的人是有责任感的人 //022

会欣赏自己也是一种成熟 //025

合群不等于随波逐流 //028

坦然面对尘世中的苦与乐 //029

即使做个小人物也不必自卑 //033

放下你的攀比之心 //035

如果不能勇敢地面对不幸，就会被厄运带走 //038

拥有财富而不得意忘形 //039

成熟的男人要能够正视不完美 //041

目 录

第三辑

精品男人需要一种高雅的情调

人的品位容不得半点儿的造作和虚假，男人的品位是岁月留在男人身上不经意间流露出来的一种东西。精品男人挥洒自如，不受别人左右，他总在别人觉得不可思议之处大放异彩。

雅与俗的辩证　//044

品位有多高，梦想就能有多远　//046

越随和，越有品位　//049

果断和魄力是成就男人品位的关键　//053

在休闲中提升生活质量　//058

听音乐能让你更放松　//060

在书本中感受人生乐趣　//062

培养一两样良好的兴趣爱好　//065

第四辑

精品男人对生活的自律

精品男人对人生、对自己有一种省悟，精品男人可以洞察一切，让自己与众不同，让自己活得精彩！精品男人不会刻意表现，他们胜在对生活的自律。

坚守你的个性，丰富心中的色彩 //070

具有高度的自制力是一种美德 //073

有品位的男人要懂得经常反思 //075

要做到事前不怕，事后不悔 //078

努力赚钱也要把握好度 //080

非分之"福"会成为重负 //082

第五辑

精品男人始终笑对人生磨难

男人咀嚼生活，感悟人生，在尝遍艰难困苦、历尽沧桑之后，才有一种品位。精品男人之所以被称为"精品"，是因为他们带有一种坚不可摧的勇气，在面对得失时能付之一笑，在惨遭打击时也能坚强挺立。

面对人生的风雨应保持一颗平常心 //088

输得起，才能赢得彻底 //090

真正的男人不会选择"唯命是从" //092

遇到失败不认输，面对困境不低头 //093

目 录

调整心态，就可以做命运的设计师 //097

伟人也攀登过失败的阶梯 //098

只有在逆境中保持韧性，才能重整旗鼓 //101

任何困境和不幸都可以被微笑征服 //104

第六辑

精品男人低调生活，高调做人

精品男人低调生活，高调做人。他不用刻意装扮自己，迎合别人，他习惯坦然面对自己，面对身边的人。他看似碌碌无为，却对自己、对人生有着崇高的目标和追求。

江海放低了自己，所以容纳了百川 //108

玩弄机巧，不如向平实处努力 //110

一个有品位的人敢于吃亏 //113

老把自己当珍珠，就有被埋没的痛苦 //116

学会忘却，超然洒脱 //118

放下架子才不会成为"孤家寡人" //121

不必轻易张扬个性 //122

在自己的能力范围内量力而行 //124

第七辑

精品男人尽情享受生命的每一天

男人总是脚步匆匆地追逐成功，而忽略了自己的生活。事实上，人活着不只是为了追求成功，更是为了感受幸福。所以，精品男人会为自己留下一点儿空闲时间去经营感情、培养爱好、放松身心。要知道，只知道奋斗不懈，不懂得休闲的人，只会使幸福渐行渐远。

享受生命中宁静而淡泊的美 //128

别掉进"明天"这个陷阱里 //130

不要在忧愁中浪费今天 //133

成功没有时间限制 //137

年龄不过是掌中的沙 //140

在快节奏的生活中放松自己 //144

合理安排时间会使生活更轻松 //147

只有放弃，才能享受快乐 //150

让心灵回归宁静 //153

目 录

第八辑

精品男人离不开健康的体魄

有些现代男人以损害健康为代价追求高品质的生活，却不自觉地陷入了生活的误区。只有拥有健康，才能谈得上高品质，"以健康为中心"是这个时代的精品男人"高品质生活"的新内涵。

透支什么也不能透支健康 //158

一定要学会为自己减压 //160

从紧张的工作中解脱出来 //162

生活一定要规律化 //164

把粗茶淡饭"捡"回来 //166

健康来自精心调养 //169

即使是一分钟的运动也能收到效果 //171

为任何事都不值得生气 //173

张弛有度，身心才会更健康 //176

第一辑
CHAPTER 1

精品男人
源于自身的修养

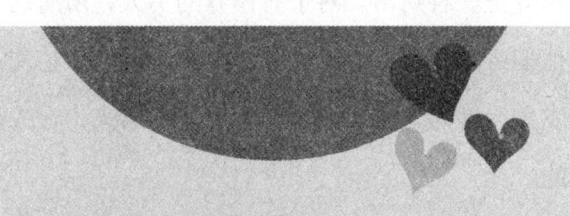

男人的品位源于男人自身的修养。有品位的男人，犹如一杯醇美的烈酒，细细品味，才能让人读懂其真正的内涵，才能回味其沁人的芳香。做个精品男人，就要具有一种特有的气质。

良好的修养就是一笔人生财富

良好的修养是一种财富。对于有修养的男人,所有的大门都向他们敞开。即使他们身无分文,也随处可以受到人们的热情款待。一个举止得体、谦和友善、助人为乐、颇具绅士风度的男人,在人生道路上必定是畅通无阻的。

如果一个男人在生活中养成了文明的习惯,就等于为自己开启了一扇通向财富的大门。

举止文明是生意成功的一个重要因素。巴黎有家名为"廉价商场"的商店,店面很大,里面的员工数以千计,产品也应有尽有。这家商场有两个颇具特色的特点:一个是童叟无欺,不管谁来买,商品都是一个价,且价格都很低;另一个是他们非常注重自己员工的素质,员工必须尽一切努力做到让顾客满意。凡是其他商店能做到的,他们都必须做到,还要做得更好。这样,他们就给每一个来过"廉价商场"的顾客都留下了美好的印象。因此,这个商店的生意也就蒸蒸日上,最后还成了全球最大的零售商店之一。

有一个贫穷的牧师，他的经历也相当奇特。有一次，他在教堂门口看到几个小青年在捉弄两个身着古旧样式衣服的老妇人。他们的嘲笑使两个老妇人非常窘迫，以致不敢踏进教堂。牧师见后主动带着她们走入里面坐了下来。两个老妇人尽管和这个牧师素不相识，但这之后却把一笔很大的财产留给了他，他的好心得到了好报。

修养本身就是一笔财富。文明的举止足可以起到替代金钱的作用，有了它就像有了通行证一样，随处畅通无阻。有修养的人不用付出太多就可以享受到一切，他们在哪里都能让人感到阳光般的温暖，处处受人欢迎。因为他们带来的是光明、是太阳、是欢乐。一切妒忌、卑劣的心理，遇到他们自然就举手投降了。

英国政治家柴斯特·菲尔德说："一个人只要自身有修养，不管别人的举止多么不恰当，都不能伤他一根毫毛，他自然就给人一种凛然不可侵犯的威严，会受到所有人的尊重；而没有教养的人，容易让人生出鄙视的心理。"

良好的举止足以弥补一切自然的缺陷。通常，一个男人最吸引人们的，不是魅力的容貌，而是优雅的举止。古时候，希腊人认为美貌是上帝的特殊恩宠，但同时，如果一个具有美貌的人没有同样美丽的内在品质，就不值得欣赏了。在古希腊人的心目中，外在的美貌其实是某种内在的美好气质的反映，这些气质包括快乐、和善、自足、宽厚和友爱等。政治家米拉波是一个有名的丑男，据说他长相难看，但却没有人不为他的风度所折服。

性格的美就如艺术的美，在于它的少有棱角，线条始终保持连续、柔和的弧形。有很多人的心灵之所以不能更上一层，向世人展示更优美的品质，正是由于个性中存在的棱角太多。无论有什么样出色的品质，一旦表现出粗暴、唐突、不合时宜，其价值也就自然而然地受损。而事实上，只要我们多加注意自身的言行举止即可。

亚里士多德曾描述过一个真正具有教养的绅士应该是这样的："无论身处顺境、逆境，一个宽宏大量的人都会追求行事适度。他不期望人们的欢呼喝彩，也不让别人对他嘲弄贬低；成功的时候不会得意忘形，遭受了失败也不愁眉苦脸。他不会去做无谓的冒险，不会随随便便谈论自己或者别人；他不在意别人的诽谤，也不会对人委曲求全。"

真正有教养的男人就应当表里如一。宝石上光之后尽管更亮，但首先它必须是颗宝石。而一个真正懂得做人的智者是举止温文尔雅、谦逊知礼、不会轻易动怒，更不会主动挑衅的人。他从不恶意猜测别人，更不用说自己会去做罪恶的事了。他努力克制欲望，提高自身品位，出言谨慎，尊重他人。他可能会失去一切，但绝不会失掉勇气、乐观、希望、德行和自尊。这样，即使他没有了一切，他仍然是一个富有的人。

装扮得漂亮的确是一件好事，会引来大家的交口称赞。但这种外在美毕竟是比较低层次的美，它不应该妨碍我们去追求真正生活中更高层次的美。往往有些不愿认真生活的人把所有的精力、所有的时间以及全部的收入都放在了衣着上，却大大忽略了内心的修炼，忽略了他人对我们的要求和期望。这种关心外在胜于关心内在的行为往往是很不可取的。

自身的缺憾就是奋斗的动力

自身的缺憾往往是难以更改的事实，任何企图掩饰或回避缺憾的做法都可能引来消极的结果。尝试着直视缺憾，并把它当做是奋斗的动力，即使有缺憾，也可以使你获得成功的快乐。

美国最受爱戴的总统罗斯福8岁时，他的身体虚弱到了极点，迟钝的目光露着惊讶的神色，牙齿暴露于唇外，不时地喘息着，学校里的老师唤他起来读课文，他便颤巍巍地站起，嘴唇翕张，吐音含糊而不连贯，然后颓然坐下，生气全无。而世界上像他同样的儿童不知有多少，大都是这样的神经过敏，如果稍受刺激，情绪便受影响，处处恐惧畏缩，不喜交际，顾影自怜，毫无生趣。但罗斯福并不如此，他虽有着天赋上的缺憾，同时他也有奋斗的精神，他认定人的信心能克服他天赋的缺憾，而不为其所屈服。

他是怎样去克服先天缺憾的呢？罗斯福所用的方法是积极的，而不是消极的，他不静等幸运之神，而是去努力追求幸运。他毫不气馁于天赋的缺憾，反而把它作为成功的基石；他绝不怨恨先天的缺憾而使自己愁苦，不单单只用喝药水、接受注射，或避居山林，遨游海上来恢复健康，而且他积极地锻炼以达到他的目的。他和别的健康孩子一样，骑马、划船和做剧烈的运动。他用坚毅的态度战胜了他畏怯的天性，用忍耐的精神克服了他先天的不足。处处以快乐和蔼的态度对待人们，他努力纠正自己怕羞、畏缩和不喜交际的个性。果然在他进入大学之前，他已获得很大的成功，他已是一个人们乐于接近、精神饱满、体力充沛的青年了，在假期中，他经常到亚烈拉去追逐野牛，到落基山狩猎巨熊，以及到非洲大陆去袭击狮子，终至他胜任军队的艰苦生活，带领军队在与西班牙的战争中建立显赫战功。

罗斯福的成功，不但因为他有刚毅的精神，不为天赋的缺憾所屈服，更因为他有自知之明，他深知自己的缺憾，并不自以为聪明、勇敢、强健而稍事放任，他明白哪些方面可以克服，哪些方面应因势利导。他自知虚弱、畏怯可以克服，而语言、态度必须因势利导，他学习假嗓音，以便在演讲时运用。他虽然齿露于外及身躯颤抖等小节未能尽合演讲的技术要求，他更没有洪钟般的声音、惊人的辞令，但仍是令人信服的有力量的演说家之一。

有人说："人的自信心，就是明察自己的长处和短处，人们要想纠正自己的短处，一定先要明白它在什么地方。"

自己的缺憾，如果自知其不能除去，不妨把它作为个性的标志，好像商品的商标一样，这话听起来好像很滑稽，其实很有道理。罗斯福露在唇外的牙齿，和他平时常戴着的大眼镜，这正可以标示罗斯福品格行为的特征，使人不假思索，一看即知，不然在漫画上，怎么会描绘有他那独特的造型呢？

不仅罗斯福露出唇外的牙齿，不可讪笑；而且喜欢林肯总统的人，也认为他丑陋瘦长的身材，正是美国质朴有力的国家栋梁和有绝对可靠性格的象征；史密斯说话时的土音，正是象征着他一生平易近人的品德；喜欢拿破仑的人，并不因为他出身科西嘉岛而鄙视他，而他的气概，令见到他的人肃然起敬；而柯立芝的沉默，正衬托了他的那种真挚笃实、尽可使人信任的风度。

因此，你绝不要为你自己的缺憾而苦恼，你只要认清楚，就算不能把它克服，也不失为你的个性标志，尽可利用。

查坦姆的伯爵威廉·毕德患有严重的关节肿痛风湿症，拄杖尚且蹒跚，可是他还是致力于他的职务，这是被一般人视为不可能的事，当他出任英国外交大臣时，有一位海军上校以年事已高为由，不愿到艰苦的地方工作，威廉·毕德听了，立即举起拐杖去打那位上校，并且愤愤地说："做不到什么？我定要你在做不到的上面去做！"毕德的身体几乎残废，行动甚为不便尚且努力奋斗，作为一个健康的人还有什么克服不了的困难呢！

人们可以利用缺憾作为懒惰的护身符，以求得他人的同情与原谅，但也可以借此努力奋斗，克服困难，这完全要靠个人的意志来决定。

沉静内敛，是一种内在的力量

性格沉静凝重的人，往往给人以"内向"的印象。不少性格"内向"的人，常常因此而苦恼，认为自己缺乏适应环境的能力，深恐自己会被环境淘汰。

诚然，在有些情形下，比如找工作、拓展业务等，是需要一些性格"外向"的人。但这并不是说，每一个人都必须如此才可以表现才华，才可以对社会有益。

其实这个世界上需要不同性格、不同作风、在不同领域发展才华的人。只不过由于现代生活强调竞争、主张新奇，有些人只求眼前煊赫、不求建立永恒功业，才误以为，唯有快速适应、立即表现、不择手段地争取一时出头的机会，才是成功。他们忽略了重要的一点：生活中，真正在内涵上有深度、值得欣赏的功业，并不能用这种全速争取的方式去完成。

在现代生活中，许多人一味地要求自己去竞争、去表现，要自己不顾一切地去取得成功。他们急于表现，想得到快速的"成功"，因而只以抢到别人前头为胜利，有时即使对社会造成消极影响也在所不惜。这种对"争先"的重视，使得人人感到自己在孤军作战，而周围都是敌人。现代人所谓的"竞争"，就是先肯定了环境中的每一个人都是自己生存的对手；所谓的"成功"，就是"你抢到了，而别人没有抢到"。相形之下，所谓的失败，也就是在一场短暂而又不见得有意义的争抢之中，那眼明手快的人抢到了，而你却没有抢到。且不论那抢到的东西是钻石还是粪土，只要"抢"到了即为达到目的。一次又一次，一波又一波，盲目地争抢，就判定了所谓的优劣与成败。

这种观念，显然是既错误而又可笑的，它会妨碍人们创造具有深度与恒久价值的成绩。

事实上，"内向"也是一种可嘉的内省性格。内向的人往往有一种优美的气质，有一种更深一层的思考与认知能力，而且，它可能使一个人的情感比较收敛，是形成高雅风度的一种内在的力量，它可以减少人与人之间尖锐的对立，使真正的情感有机会显露。

内向，是对自己内在生命的一种审视和对外界人与事物的一种敏锐的感应，更有"一目了然"、"旁观者清"的洞察力。所以，如果你不被现代社会过分强调"争先"的风尚所迷惑，就会明白，其实并不是只有外向的人才会成功。世界上有一部分事情是需要外向性格的人去争取、去突破和完成的；而另外一部分事情却需要较为内向性格的人来做，他会做得更加深入和持久。

对天性内向的人来说，与其为要求表现而去学习，不如尽量发挥自己那敏感深思的特长，在需要深度的工作中去努力研究。许多"不鸣则已，一鸣惊人"的人，都是由于他们不擅长立即表现，却正因如此而有机会深思明辨，把自己所学所能经过锤炼后才公布于世。而他们的特立独行，使他们不仅能达到别人无法企及的深度，而且能使他们因为路线与众不同而见人之所未见，言人之所未言。一旦有成，必定格外杰出。

内敛，是一种助你成功的力量。如能善用之，会有大成就。一个真正成功的人，在活跃的一面之外，必有非常沉静内敛的另一面。

默默地储备，就可能一鸣惊人

在遭遇重大事件时，你能否克服自卑，取得成功，就全看你的准备有多充分。

小蒋是一所著名大学的学生，他在全国著名高校辩论赛中表现突出，引起有关部门注意，毕业后留在了市政府做秘书，但当他谈起那次辩论赛获胜的原因时，他却这样说：

"我在辩论赛中按规定要答复对方辩友的演说词，而对方辩友的演说词在我看来简直是无可辩驳的。那时的规定是允许对方有一天的准备时间。

"那时，我觉得对方的演说词好像无可辩驳，但明天比赛开始时，不管怎么样终究不能不做出答辩。我没有充分的时间做准备，但我所答复的问题将会成为我方能否取胜的关键。最后我的演说获得了巨大的成功，也最终促成了我方的胜利。

"那篇演说稿是我当夜写出来的，其中的大部分材料，都是从书桌里的一堆笔记上得来的。这堆笔记是我以前为了研究其他问题摘录下来的。这就是说，正是我以前所做的储备在这一次派上用场了。"

在你从事各种事业时，体力、道德、智力的储备都是十分必要的。你要是有志于做大事，必须使这些能力有相当的储备，只有这样，才可以担当重任，才可以应付非常事件。

普法战争之前，普鲁士的毛奇将军在军事上所做的准备是最好的例证，战斗力的储备和军事计划的准备是可以克敌制胜的。毛奇将军的行为，值得每个青年人效仿。

在战争爆发的13年前，毛奇将军就已经着手策划周密的作战计划了。全国的每个将官，甚至后备队中的每个军人都奉有种种训示，告诉他们作战时应采取的动作和要把握的时机。

全国的将帅，还都奉有各种关于军队调度、行军方略的密令。只要一接到动员令，可以立刻遵照行动，而且兵站也预先设置在位置最适当、交通最便利的地点，以免作战时运输不便。

毛奇将军对于所订下的作战计划，还常常加以变更、纠正。力求适合当时的情势，以备战事在任何时候发生都能指挥若定，应付自如。据说，1870年所执行的作战计划，早在1868年就订下了，而第一次计划的拟订，则远在1857年就已完成。所以战争一爆发，毛奇将军所指挥的德军，其行动就准确得分毫不差。

而法国的军事当局却一点儿准备都没有。

战事一开始，前线法军向后方发出的告急电报就纷至沓来。供给不足，驻军不便，军队无法联络，一切都混乱不堪。与德军作战，犹如螳臂当车，致使法国步步失算，处处落后。结果城下乞降，忍受常人无法忍受的奇耻大辱。

有多少人，因为在事业上没有做好充分准备，而导致一败涂地。他们因为自己的能力足以应付目前的事务就不做更充分的准备。他们不想再把地基掘得更深些、基础打得更牢些，他们也不想多储藏些能力，他们更不用远大的眼光去预测未来。

假如青年人真的盼望能得到丰盛的收获，就必须先耕耘土地，在播种的时节，撒播良好的种子。

假如你不在自己的生命中投入些什么，你就不能从你的生命中取出些什么，就像你没有把钱存进银行，就不能从银行取钱一样。所以，你要超越平庸，就要储备各方面的知识与技能，一旦时机成熟，你必能凭借着这些"武器"冲出平庸的囹圄。

用礼貌的话语装点自己的品位

在处世交际的过程中，彬彬有礼、无懈可击的言行所体现出的正是绅士般的风度和品位，这样的人走到哪里都会受到大家的爱戴。

和别人打交道时，有品位的礼貌用语可使对方感到亲切，交往便有了基础。没礼貌、讲话不得体，往往会引起对方的不快甚至愠怒，使双方陷入尴尬的境地，致使交往梗阻甚至中断。那么，讲"礼"说"礼"该从哪里入手呢？以下的一些注意事项能指导你该怎样做。

1.考虑对方的年龄特征。见到长者，一定要用尊称，比如"老爷爷"、"老奶奶"、"大叔"、"大妈"、"老先生"、"老师傅"、"您老"等，不能随便喊"喂"、"嗨"、"骑车的"、"干活的"等，否则，会使人讨厌你甚至发生不愉快的口角。另外，还须注意，看年龄称呼人要力求准确，否则会闹笑话。比如，看到一位20多岁的妇女就称"大嫂"，可实际上人家还没结婚，这就会使人家不高兴。

2.考虑对方的职业特征。不管遇到什么人都口称"师傅"，难免使人反感。在称呼上还必须区分不同的职业。对工人、司机、理发师、厨师等称"师傅"，当然是合情合理的，而对农民、军人、医生、售货员、教师，统统称"师傅"就有些不伦不类，让人听着不舒服。对不同职业的人，应该有不同的称呼。比如，对农民，应称"大爷"、"大妈"、"老乡"；对医生应称"大夫"；对教师应称"老师"；对国家干部和公职人员，对解放军和民警，最好称"同志"。在新的历史条件下，人们相互之间的称呼也就越来越多样化，既不能都叫"师傅"，也不能统称"同志"。

比如，对外企的经理和外商，就不能称"同志"，而应称"先生"、"小姐"、"夫人"等。对刚从海外归来的港台同胞、外籍华人，若用"同志"称呼，有可能使他们感到不习惯，而用"先生"、"太太"、"小姐"称呼倒会使人们感到自然亲切。

3. 考虑对方的身份。一次，有位大学生到老师家里请教问题，不巧老师不在家，他的爱人开门迎接，当时不知称呼什么好，脱口说了声"师母"。老师的爱人感到很难为情，这位学生也意识到似乎有些不妥，因为她也就比这位学生大10多岁。遇到这种情况该怎么称呼呢？按身份，对老师的爱人，当然应称呼"师母"，但人家因年龄关系可能不愿接受。最好的办法就是称呼"老师"，不管她是什么职业（或者不知道她从事什么职业）。称呼他人"老师"含有尊敬对方和谦逊的意思。

4. 考虑自己与对方之间的亲疏关系。在称呼别人的时候，还要考虑自己与对方之间关系的亲疏远近。比如，和你的兄弟姐妹、同窗好友见面时，还是直呼其名更显得亲密无间、欢快自然、无拘无束。相反，见面后一本正经地冠以"同志"、"班长"、"小姐"之类的称呼，反倒显得疏远了。当然，为了打趣故做"正经"，开个玩笑也是可以的。

在与多人同时打招呼时，更要注意亲疏远近和主次关系。一般来说以先长后幼、先上后下、先女后男、先疏后亲为宜；在外交场合宴请外宾时，这种称呼的先后有序更为重要。1972年，周恩来总理在欢迎美国总统尼克松的招待会上这样称呼："总统先生，尼克松夫人，女士们，先生们，同志们，朋友们！"这种客气、周到而又出言有序的外交家的风度和品位给人们留下了深刻的印象，是我们学习的典范。

5. 考虑说话的场合。称呼上级和领导要区分不同的场合。在日常交往中，对领导、对上级最好不称官衔，以"老张"、"老李"相称，使人感到平等、亲切，也显得平易近人，没有官架子，明智的领导会喜爱这样的称呼的。但是，如果在正式场合，如开会、与外单位接洽、谈工作时，称领导为"王经理"、"张厂长"、"赵校长"、"孙局长"等，就很有必要了，因为这能体现工作的严肃性、领导的权威性，是顺利开展工作所必需的。

6. 考虑对方的语言习惯。我国幅员辽阔，人口众多，方言、习俗各异。在重视推广普通话的前提下，还要注意各地的语言习惯。违背了当地的语言习惯，就可能使自己陷入尴尬之境。

礼仪看起来好像简单，但处理不好会耽误大事。三国时，袁绍的谋士许攸投奔曹操后，向曹操献了一计，致使袁绍失败，他自恃功高，在曹操欲进冀城城门时一句："阿瞒，汝不得我，焉得入此门？"有一日许褚走马入东门，许攸再次以"汝等无我安得入此门"自夸时，被许褚怒而杀之，并且将其人头献给了曹操。虽然曹操深责许褚，但从许褚献头时所说"许攸无礼，某杀之矣！"的理由来看，不能不说许攸是死于曹操之手，因为仅凭他对许褚"无礼"是不可能被随便杀之的，最起码曹操有默许之嫌。可见有礼与无礼有生死之别。

中国是礼仪之邦，办事儿能否顺利达到目的，说话懂得圆场面有时会起到很大的作用。

一位妇女抱着小孩上火车，车上位子已经坐满，而这位妇女旁边有一位小伙子却躺着睡觉，占了两个人的位子。孩子哭闹着要座位，并指着要他让座，小青年假装没听见。这时，小孩的妈妈说话了："这位叔叔太累了，等他睡一会儿，他就会让给你的。"

几分钟后，青年人起来客气地让了座。

这位妇女无疑处于一个"求人"的地位，她能靠一句话把尴尬的场面圆起来，聪明之处正在于以一个"礼"字把对方架在了很高的位置：他应该休息，而且他是个好人，如果他不"睡"了，他会主动让给你的。显然，一个再无礼的人面对这样有品位的人也不会无动于衷。

批评和指责时也要注意修养

当面批评和指责别人，对方会下意识地、顽强地反抗；而巧妙地暗示对方注意自己的错误，不仅彰显出自己做人的品位和修养，更会使对方真诚地改正错误。

华纳·梅克每天都到他费城的大商店去巡视一遍。有一次，他看见一位顾客站在柜台前等待，没有一个售货员对她稍加注意。那些售货员在柜台远处的另一头挤成一堆，彼此又说又笑。华纳·梅克不说一句话，他默默地站到柜台后面，亲自招呼那位女顾客，然后把货品交给售货员包装，接着他就走开了。这件事让售货员感触颇深，他们及时改正了服务态度。

卡尔·兰福特在佛罗里达州奥兰多市当了许多年的市长，他时常告诫他的部属，要让民众来见他。他宣称施行"开门政策"。然而，他所在社区的民众来拜访他时，都被他的秘书和行政官员挡在门外了。

这位市长知道后，为了解决这个问题，他把办公室的大门给拆了。这位市长真正做到了"行政公开"。

若要不惹人生气而改变他，只要换一种方式，就会产生不同的结果。

确实，那些直接的批评会令人难以接受，而间接地让他们去面对自己的错误，会有非常神奇的效果。玛姬·杰各提到一件她如何使得一群懒惰的建筑工人，在帮她盖房子之后清理干净现场的事。

最初几天，当杰各太太下班回家之后，发现满院子都是锯木屑。她不想去跟工人们抗议，因为他们的工程做得很好。所以，等工人走了之后，她跟孩子们把这些碎木块捡起来，并整整齐齐地堆放在屋角。次日早晨，她把领班叫到旁边说："我很高兴昨天晚上草地上这么干净，又没有冒犯到邻居。"从那天起，工人每天都把木屑捡起来堆放在一边，领班也每天都来查看草地的状况。

在后备军和正规军训练人员之间，最大的不同就是头发，后备军人认为他们是老百姓，因此非常痛恨把他们的头发剪短。

陆军第542分校的士官长哈雷·凯塞，当他带领一群后备军官时，他要求自己解决这个问题，跟以前正规军的士官长一样，他可以向他的部队吼几声或威胁他们，但他不想直接说出他要说的话。

他开始讲话："各位先生们，你们都是领导者，你必须为尊重你的人做个榜样。你们该了解军队对理发的规定。我现在也要去理发，而它却比某些人的头发要短得多了。你们可以对着镜子看看，你要做个榜样的话，是不是需要理发了，我们会帮你安排时间到营区理发部理发。"

结果是可以预料的，有几个人自愿到镜子前看看，然后下午就到理发部去按规定理发。次日清晨，凯塞士官长讲评时说，他已经看到，在队伍中有些人已具备了领导者的品位和修养。

有品位的人善于"请教"

真正有品位的人从不会把自己的想法和建议强加给别人，他们更善于用"请教"的方式提出来。特别是作为一个下属，在给上司提意见和建议的时候，切忌咄咄逼人，以请教的方式更有利于让领导认可你和你的建议。

要注意提建议的方式、方法，要时刻注意对方的心理感受和变化轨迹，在提出建议的时候首先要获得对方的心理认同。

请教，是一种有修养的行为。

许多研究者都发现，"认同"是人们相互之间理解的有效方法，也是说服他人的有效手段，如果你试图改变某人的个人爱好或想法，你越是使自己等同于他，你就越具有说服力。因此，一个优秀的推销员总是使自己的声调、音量、节奏与顾客相称。正如心理学家哈斯所说的那样："一个造酒厂的老板可以告诉你一种啤酒为什么比另一种要好，但你的朋友，无论是知识渊博的，还是学疏识浅的，都可能对你选择哪一种啤酒具有更大的影响。"由此可见，影响力是说服的前提。

有经验的说服者，他们常常事先会了解一些对方的情况并善于利用这些已知情况作为"根据地"、"立足点",然后,在与对方接触中首先求同,随着共同点的增多,双方也就越熟悉,越能感受到心理上的亲近,从而越能快速消除疑虑和戒心,使对方更容易相信和接受你的观点和建议。

如果你提出的是反对性意见呢?有人会说,这到哪里去找共同点呢?其实不然,共同点不仅仅局限于方案的内容本身,还在于培养共同的心理感受,使对方愿意接受你。而且可以说,你越是准备提出反对意见,就越可能招致敌意,因而越需要寻找共同点来减轻这种敌意,获得对方的心理认同。此时,虽然你可能不赞成对方的观点,但你一定要表示尊重,表明你对他的理性的思考。你应设身处地地从对方的立场出发来考虑问题,并以充分的事实材料和精当的理论分析作依据,在请教中谈出自己的看法,在聆听中对其加以剖析。只要你有理有据,对方一定会心悦诚服地放弃自己的立场,仔细倾听你的建议和看法。在这种情况下,对方是很容易被说服并采纳你的意见和建议的。

社会心理学家们认为,信任是人际沟通的"过滤器"。只有对方信任你,才会理解你说话的动机;如果对方不信任你,即使你动机是良好的,也会经过"不信任"的"过滤"而变成其他的东西。这种东西往往是被扭曲了的,带有怀疑主义的色彩,这使得他不可能很理智地去分析你的意见和建议,你的每一句话都会与你的"不良"动机联系在一起。

文雅多一点，品位高一点

在与人交谈中，能不能恰当地使用文雅的语言是一个人自身品位最直接的表现。

雅语，是指一些比较文雅的词语。和俗语相对，雅语常常在一些正规的场合以及一些有长辈和女性在场的情况下，被用来替代那些比较随便的，甚至有些粗俗的话语。确切地说，在日常交往中，雅语经常被一些其他的词语所替代。而在我们这个具有悠久文化传统的国家里，使用雅语本应是一种良好的习惯。多用雅语，能体现出一个人的文化品位以及尊重他人的个人素质。

有些使对方听了容易引起反感或不易接受的词语要避免使用，而用与之意义相同或相近的词语替代。例如，我们一般都把"胖"（特别对女性）说成"富态"、"丰满"，可以对胖人说是衣服瘦了，不能说衣服是标准尺寸的；把"瘦"说成"苗条"、"清秀"；把"生病"说成"不舒服"等。像这种同义替代语，如果运用得好，会显得语言委婉，谈话效果较好。

在日常生活中，有时当你急于解决自己的某种生理负担时，例如正当你走在大街上，忽然觉得要方便一下，这时你可能会直截了当地向人询问："请问，哪儿有公共厕所？"但如果你是在一位陌生人家里做客，你就必须这样说："我可以使用一下这里的洗手间吗？"或者说："请问，哪里可以方便？"这里使用了"洗手间"和"方便"来替代上厕所。

总的来说，恰当地使用文雅的语言，一定要注意以下几点。

第一，说完整的词句，不要吞吞吐吐或欲言又止，否则会让人觉得不爽快。

第二，不说粗话。在公众场合说粗话是对个人形象的很大伤害，更是一种听觉上的污染，给听者带来不快。

第三，避免冗长无味或意思重复的言语，如："你明白我的意思吗？""你说好不好？""你知道吗？"也不要采用流行语、口头禅作为开场白，如："哇！"有些父母从孩子身上学到青少年惯用的流行语，以为说了这些话就代表跟得上潮流。实则不然，毕竟年长者说着一口年轻人的流行语，既幼稚又有失身份。

第四，不要用"嗯"、"喔"等鼻子发出的声音来表达个人意见的同意与否。这些音调虽非粗话，却是懒惰的表现，会令谈话者有不受重视的感觉。

但是，使用优雅的词汇进行交流并不是鼓励使用那些极为拗口的书面语，甚至文言文，这样容易给人以卖弄的感觉，也会给沟通造成障碍。还要注意不要在谈话中夹杂半生不熟的外语。

第二辑
CHAPTER 2

精品男人是一种
超凡脱俗的成熟表现

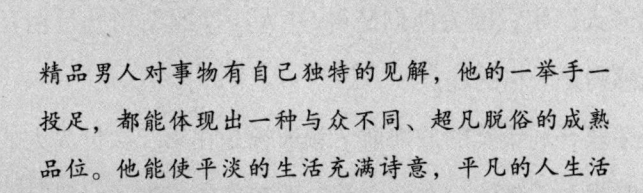

精品男人对事物有自己独特的见解，他的一举手一投足，都能体现出一种与众不同、超凡脱俗的成熟品位。他能使平淡的生活充满诗意，平凡的人生活得精彩。

成熟的人是有责任感的人

男子汉意味着什么？意味着成熟与责任。因为有责任感，男人才能勇敢；因为有责任感，男人才能无私；也因为有责任感，男人才有了不断前进的动力。

面对社会的压力，许多人被压弯了脊梁，他们只能书写出一个扭曲的"人"字，而只有敢于承担责任的男人才能够昂首挺胸地写下那个顶天立地的"人"字，因为他们懂得，"人"字的结构就是相互支撑，而人的责任感则是人格的基点。

曾经荣获普利策奖的詹姆斯·赖斯顿是在第二次世界大战期间应聘到《纽约时报》工作的，在此之前，他在伦敦工作了一段时间。他亲历了德军对伦敦进行的狂轰滥炸。詹姆斯·赖斯顿孤身一人在战火纷飞的伦敦工作，他非常想念妻子和3岁的儿子。在给儿子的信中，詹姆斯这样写道：

"我周围这些生活在紧张之中的人们，都有很强烈的责任感。他们更具爱心，做事更多地为他人考虑，与此同时，他们也日益坚强起来。

他们在为超越他们自身的理想而作战。我觉得那也是你应该为之努力的理想。

"我想向你强调的就是,一个人必须承担他应该承担的责任。这场战争爆发于一个不负责任的年代。我们美国人在 21 世纪第一次世界大战要结束的时候,并没有承担自己的责任。当这个世界需要我们把理想的种子广为播撒的时候,我们却退却了……

"因此,我请求你接受你自己的责任——把美国创建者的梦想变为现实,为着生你养你的这个国家的前途而努力奋斗……简朴人生,勿忘责任。"

詹姆斯告诫儿子,作为国家的一员,他要背负起为国家的前途而努力奋斗的责任。

责任能激发人的潜能,也能唤醒人的良知。有了责任,也就有了尊严和使命。

相信你一定知道"国家兴亡,匹夫有责"的道理。不仅如此,在这个社会中,我们每个男人都需要承担那么一点儿属于自己的责任。正因为有了责任,我们才能在漫长的人生旅途中挫而不败,坚强而又倔强地迈过每一道艰难的门槛;也正因为我们坚信责任,才能在每一次精彩的收获之后坦然而谦恭,不断地追求着一个个积极的目标。

早在两千多年前,男人就意识到责任心是使一个人由幼稚走向成熟、由平庸走向卓越、由懒散走向严谨、由碌碌无为走向大有作为的重要因素。

有一位担任中学班主任的老师,曾经对班上一位一贯顽劣的学生感到头痛不已。虽然多次对他进行苦口婆心的教育,总是不见成效。此时,恰逢学校承担了天安门广场前检阅方队的排练任务，学校要求要选派少数最好的学生参加，而这个学生也十分渴望参加。班主任突然灵机一动，将这个学生列入了排练名单，并找他谈话，告诉他其实他并不合格，但老师认为他的身上有巨大的潜力，经过努力一定能够出色地完成这个任务。这个学生感到了老师对他的信任，立刻表示：一定能够承担这一责任。结果在数月的苦练过程中，这个学生表现得极其出色，受到了学校的表扬，后来还担任了班长。

对一个男人来说，失败并不可怕，可怕的是没有责任心，遇到困难时竟相推诿。在一个团队中，如果成员都能从大局出发，主动承担责任，就会为领导者创造更多的主动和更大的回旋余地，为解决问题提供更多的机会，进而扭转局面。反之，如果领导班子内部互相拆台，把责任一股脑儿地推到主要的领导头上，这就会挫伤他的威信，也会降低他工作的信心和决心，结果对所有的人都不利。当大家共同面对失败时，最忌讳的就是有人说："我当时就觉得这事儿肯定要糟。"这样会降低大家对你的友好和信任，因为你不是一个负责任的人。只有认清自己的责任时，才能知道该如何承担自己的责任，正所谓"责任明确，利益直接"。也只有认清自己的责任时，才能知道自己究竟能不能承担责任。因为，并不是所有的责任自己都能承担，也不会有那么多的责任要你来承担，生活只是把你能够承担的那一部分给你而已。

因为责任，你将更加成熟。那些愿意承担责任的男人，会给渴望获得成功的人带来莫大的助益，他们会给你提供各种帮助。

会欣赏自己也是一种成熟

有这样一则小寓言故事。

一个渔夫从海里捞到一颗珍珠,他欣喜若狂。可回到家里一看,发现珍珠上有一个小黑点。渔夫觉得很不舒服,他想,如能将小黑点去掉,珍珠将变得完美无瑕,肯定会成为无价之宝。

渔夫决定去掉黑点,可剥掉一层,黑点仍在,再剥掉一层,黑点还在,剥到最后,黑点没了,珍珠也不复存在了。

世界并不完美,一个人也不可能十全十美。当发现自己的缺点之后,重要的是坦然面对,去寻找自己的长处。男人更是如此。若想时刻保持自信,那么就要学会欣赏自己,时时看到自己的长处。

科林长相一般,外表没有丝毫的吸引人之处。为了改变自己的命运,他毅然报考成人教育。苦心终于没有白费,科林如愿了。但他在同学中一点儿也不起眼,为此,他有很强的自卑感。眼见同学一个个成家立业,他心情日渐忧郁,上课时也总是无精打采的,他觉得生活对自己来说毫无值得留恋之处,于是想跳河自杀。一位老者刚好路过,对他说:"人有两条命,一条是属于你自己的,刚才你已经自杀捐弃了;还有一条是属于众生的,愿你加倍珍惜这一条生命。"科林听完,笑了。

老者觉得他的笑很有魅力,于是赞美了他一番。老者说:"每个人都不可能是完美的,你要看到自己的长处。你总是觉得自己不够漂亮,但今天你笑起来的时候却显得很好看。"

科林一听很高兴,从此他笑口常开,觉得生活也突然变得丰富多彩起来。后来他成了一位著名的节目主持人。

自卑者会对自己的知识、能力、才华等作出过低的估价，进而否定自我。自卑的人在交往中，虽然有良好的愿望，但总是怕遭到别人的轻视和拒绝，因而对自己没有信心，很想得到别人的肯定，但又常常很敏感地把别人的不快归为自己的不妥当。有自卑感的人往往过分的自尊，为了保护自己，常表现得非常强硬，很难让人接近，在人际交往中变得格格不入。

自卑心理源于心理上的一种消极的自我暗示，很多心理学家指出，自卑感和本人的智力、受教育程度、所处的社会地位等因素无关，而仅仅是对"自己不如他人"信念的确信。所以，要克服和预防自卑心理，首先，要敢于正视自己的不足。人无完人，每个人都有自己的优缺点。对于一些不可改变的事实，如相貌、身高等，完全可以用别处的辉煌来弥补，大可不必自惭形秽。其次，要正确地与人相比。自卑心重的人往往很善于发现他人的长处，这本身不是坏事，可是他总是用别人的长处和自己的短处比，不是激发起奋起直追的勇气，而是越比越泄气，从而贬低、否定自己，以偏概全。

当你的外表过于平凡，你不自信时，请记得学会给自己营造一份有质有量的生活，用后天的教养给自己增添一份内在的气质，举手投足间显得优雅从容，在为人处世中学会豁达与从容，让自己人格的魅力熠熠生辉。

假如自己脸上有一点儿瑕疵就不敢用阳光般的微笑面对他人；假如因为手指不如他人修长，就自卑得不肯伸出来与他人有力地握手。那么再美丽的衣裳穿在身上，又怎么能体现出自己的"精气神"？又怎么让自己在生命的自然中拥有更多的和谐呢？

不必去羡慕别人，其实你自己身上也有很多优点，所以，你一定要学会欣赏自己，努力去寻找自己的长处。

卡耐基先生说过："发现你自己，你就是你。记住，地球上没有和你一样的人……在这个世界上，你是一种独特的存在。你只能以自己的方式绘画。你的遗传、经验、环境造就了你，不论好坏，你只能耕耘自己的小园地；不论好坏与否，你只能在生命的乐章中奏出自己的音符。"

每个人都既有优点，又有缺点，我们应该懂得接受自己，欣赏自己，等我们自己有了良好的感觉后，才能自信地与人交往，才能出色地发挥自己的才能与潜力。所以我们应该相信自己，发现自己更多的长处，更加欣赏自己。

自卑情绪会影响人际交往的正常进行，这点不言而喻。这些消极情绪的产生，可能来自某种压力，或者受到挫折。每个人都要学会在生活中应对这些不良情绪，这也是个人成长的一种重要表现。现代社会主张个性独立，人际交往也日益复杂，如果说在一些场合，或者和某些人的临时性的交往中需要一些表面的客套、应酬，那么，建立和发展深入持久的人际交往，最重要的是坦诚相见、表达真实的自我。"水至清则无鱼，人至察则无徒。"当然，如果自己身上存在明显的缺点，理应努力克服和改正。男性在人际交往中不断审视、认识自己和他人，不断领悟人生，这是人际交往的内涵所在。

只有热爱自己的男人，才懂得自我欣赏。懂得自我欣赏的男人光彩照人、落落大方，在灿烂的笑容里折射出一股高贵的气息，让别人在仰慕的同时又有些敬畏。男人要为自己喝彩，多给自己一些掌声，多给自己一些鼓励，你才能在人生的风雨路上挥洒自如。

合群不等于随波逐流

由于与生俱来的性格使然，有人外向，有人内向，也因此造成了每个人在外在行为上的差异，这便成为误解的根源。"同事们都这样。要是我整天捧着书本不和他们闲聊，显得我清高、不合群，多不好啊。"

不久以前，一位刚从学校毕业工作的小师弟跟他的一个知心朋友说了上述一番话。

的确，谁不希望能够在单位中培养良好的人际关系，和大家融为一体呢？尤其是刚毕业参加工作的学生，好像不和大家打成一片就不会获得大家的认同，工作起来就没有底气。

这种想法也不能说不对，但要具体情况具体分析，万不可一概而论。

就以上述的这位小师弟为例吧，他毕业于上海某警官大学，学的是道路交通管理，毕业分配去了沿海的一个中小城市。他每天的工作是上街值两小时班后休息几个小时，然后再去上岗。工作压力不大，闲暇时间很多。但是他周围的同事们每天值勤回来后就是聊聊天、打打牌，晚上下班后也经常是出去吃吃饭、喝喝酒、跳跳舞。小伙子每次和他们在一起的时候，觉得时间都浪费了，有一种愧疚感。他喜欢读书思考一些问题，并想考研究生接着深造。但出现了本文开头所提到的问题。他不和同事们一块儿闲聊，又怕人家说他假清高、不合群等。

基于这种情况，他的朋友对他说：从你所讲的话来看，你的这些同事可能安于现状，没太大的追求，他们也许能够做好目前的本职工作，但再有什么发展和进步的可能性很小。你的这种顾虑完全没有必要，如果只有同他们一起虚度光阴才算合群的话，那你必须以牺牲自己的爱好、前途、追求为代价，必须按他们的标准去要求自己，才不会显得清高。在工作和生活中，这种"就低不就高"的合群、不清高，实际上是媚俗，是完全错误的一种想法。

不合群的现象一般有两种：一种是因为性格孤僻、封闭自我，或是人品道德上低劣而让大家疏远；另一种则是因为某个人的才能出众，或者是追求的目标高于众人之上，不迎合众人的口味或疏于处理人际关系等，从而不被大家理解或受人妒忌。

我们应努力处理好周围的人际关系，这是为了发展自己的事业，让自己做得更好，而绝不应该牺牲自己的追求和理想，随波逐流。要摆正心态，虽然你优秀出众、超凡脱俗，很容易会被人认为是清高、不合群，但却胜于随波逐流后的自我毁灭。

坦然面对尘世中的苦与乐

"不以得为喜，不以失为忧"，是一种非常优秀的心态。拥有这种心态的人专注于自己的事情，不因一时得失而忧心忡忡或兴奋不已，也不会大喜大悲，因为那样会使他们失去冷静。

要以一种泰然处之的心态去面对生活。理想是我们生活的向导，它能把我们从痛苦中引领出来。在沉重的打击面前，需要处乱不惊的乐观心态。冷静而乐观，愉快而坦然。在生活的舞台上，要学会对痛苦微笑，要坦然面对不幸。

量子论之父马克斯·普朗克是19世纪末20世纪上半叶德国理论物理学界的权威，在科学界颇有威望，于1918年获诺贝尔物理学奖。

普朗克的一生并不是一帆风顺的。中年的时候妻子去世；在第一次世界大战期间，他的长子卡尔在法国负伤而亡；他的孪生女儿也都在生孩子后不久，相继去世。

对于这些不幸，普朗克在写信给侄女时说："我们没有权利只得到生活给我们的所有好事，不幸是自然状态……生命的价值是由人们的生活方式来决定的。所以人们一而再、再而三地回到他们的职责上，去工作，去向最亲爱的人表明他们的爱。这爱就像他们自己所愿意体验到的那么多。"

对于自己遭遇过的一个又一个的不幸，普朗克都能正确地对待，他没有被这些不幸击倒，没有忘记自己人生的意义。

第二次世界大战中，不幸的遭遇又一次降临到普朗克的头上。他的住宅因飞机轰炸而焚毁，他的全部藏书、手稿和几十年的日记，全部化为灰烬。为了逃避空袭，他只好暂时寄居在一位朋友的庄园里。对于失去家园、财产，他泰然处之。他写道："在罗格茨的生活还不算太坏。"因为他还可以工作，他已经准备好了他想要进行的关于伪科学问题的新讲演。

1944年年末，他的次子被认定有密谋暗杀希特勒的"罪行"而被警察逮捕。普朗克虽多方求助，却没有任何效果。

第二辑　精品男人是一种超凡脱俗的成熟表现

普朗克在后来给侄女、侄儿的信中说："他是我生命中宝贵的一部分，他是我的阳光、我的骄傲、我的希望。没有言辞能描述我因他而蒙受的损失。"他在给阿·索末菲的信中说："我要竭尽全力让理智的工作来填补我未来的生活。"

普朗克面对如此巨大的悲痛，仍以坦然的心态处之，实在让人敬佩。事实证明，他赢得了世人的尊重。如果我们的心灵能不断地得到坚韧、顽强、刻苦、质朴之泉的灌溉，那么不论我们一贫如洗还是位卑如蚁，都可以求得平和的心态。

任何事情都有它的两面性。成就能给你带来快乐，也可以给你带来烦恼。不要过分地去追求，也不要过分地重视自己的地位，你便会过得坦然而自信。

坦然是一面镜子，一有裂痕就难以复原。1988年汉城奥运会的百米大战中，约翰逊只用9秒79的时间就跑完全程。然而，经过检验发现，他服用了兴奋剂，约翰逊的行为让人们对他由敬佩变为了蔑视，难道是他没有信心获得冠军，还是仅仅为了那一点儿虚荣而毁坏了自己的人格？他这样做对别的运动员是不公平的，约翰逊缺少的是心灵深处的坦然。当人的心中拥有一份坦然的时候，你就会发现只有一株靠自己辛勤种植培育的花，才能开花结果，才能散发出令人陶醉的芳香。

一个人的坦然，是一种生存的智慧，生活的艺术，是看透了社会人生以后所获得的那份从容、自然和超然。

一个人想要自在、自如地生活，心中就需要多一份坦然。笑对人生的人比起在曲折面前消极沉沦、脸上常常阴云密布的人，更能得到成功的垂青。

马克·吐温被评论家们称羡为"美国最伟大的、爱开玩笑的人"，他也是美国最伟大的哲学家之一。他历经生活的种种悲剧：他的两个哥哥和一个姐姐，在他年少时相继死去；他的四个孩子，在他还活在人世的时候，也都一个个先他而去。他饱尝了生活的苦楚艰辛，可他坚信，只有用欢笑作为止痛剂来减轻苦痛，才能够得到快乐。我们可以适当地使自己处于超然的地位，来观照自身的痛苦。

在沉重的打击面前，需要有处变不惊的乐观心态，这样就能战胜沮丧，化坎坷崎岖为康庄大道。你可能一时丢掉了原本属于你的东西，或是错过了一次机会，但是，在精神上绝不能被困境击败。冷静而达观，愉快而坦然，是成功的催化剂，是另辟蹊径、迎接胜利的法宝。

无所欲，无所求，只愿有个好的体魄，有个幸福的家庭，衣能裹体，食能饱腹足矣。这是一种超境界的平常心态。

摒弃世俗的偏见，豁达、洒脱，无忧无虑地品尝人生百味，努力做到富不狂、贫不悲、宠不骄、辱不惊，就能真正拥有一个健康、平和的心态，就能痛痛快快地享受人世间的阳光和温馨。

1914年12月的一天晚上，爱迪生所在的新泽西州某市的一家工厂失火，将近100万美元的设备和大部分的研究成果被烧得一无所有。第二天，这位67岁的发明家在他的希望和理想化为灰烬之后，来到现场。大家都用同情和怜悯的眼光看着他，而他却镇定自若地对众人说："灾难也有好处，它把我们所有的错误都烧光了，现在可以重新开始。"正是这种超凡脱俗的乐观心态，使这位大发明家在事业上步步迈向成功。

这个世界上有多少诱惑，就有多少欲望。一个人需要以清醒的心智和从容的步履走过岁月，他的精神中必定不能缺少淡泊。淡泊是一种境界，更是人生的一种追求。虽然，我们每个人都渴望成功，但我们更需要的是一种平平淡淡的生活、一份实实在在的成功。

得意也罢，失意也罢，要坦然地面对生活的苦与乐。假如生活给我们的只是一次又一次的挫折，也没什么大不了，因为那只是命运剥夺了我们富贵的权利，但并没有夺走我们快乐和自由的权利。

因为生活中是没有旁观者的，每个人都有一个属于自己的位置，每个人也都能找到一种属于自己的精彩。坦然，会让我们生活的美丽而快乐！

即使做个小人物也不必自卑

事实证明，世界上只有2%的人能够获得成功，而98%的人只能是平凡的普通人。有些聪明能干、有远大抱负的年轻人总是瞧不起那些平凡过日子的人。他们认为这些人"没出息"、"微不足道"、"活得没意思"。当他们发现自己奋斗失败，面对和常人一样平淡无奇的生活时，就觉得生活无聊透了，生出了无尽的烦恼。

做一个平凡的小人物也没有什么不光彩的。生活中我们常常忽略了小人物，可小人物并非愚人、蛮者，恰恰相反，他们中也有很多能工巧匠。

人人都有自己的生活方式，小人物没有大人物的辉煌，却有自己平实的欢乐，我国著名物理学家钱学森是这样用先人的哲理来启发他的学生认识到这个问题的。

当时，有个别学生因专业不对口而思想波动，认为从事火箭导弹事业是大改行，所学非所用，搞不出什么名堂来，白白贻误了青春，当"大科学家"、"大人物"的梦想破灭了，因而不甘心做"专业不对口"的"小人物"。

钱学森了解到这个情况之后，讲了一番富有哲理、幽默风趣的话，产生了很好的效果。他说："我想，当人类还生活在伊甸园的时候，是分不出什么大人物和小人物的。只是人类自然渐渐地感到大家都是一般高低的生活太乏味了，于是，才有人站在了高处，成了大人物。人群里便有了大人物与小人物。

"其实，少数大人物的存在，首先是因为有千千万万不显眼的小人物的衬托而存在的。时常是小人物成就着那些大人物。小人物就像池塘里的水，大人物就像浮出水面香气袭人、亭亭玉立的荷花。试想，没有水，荷花何以生存？

"人们往往只看到少数大人物的作用。殊不知，在日常生活和平凡的事业中，小人物比大人物更不可少。虽说不想当将军的士兵不是好士兵，但是，如果每一个士兵都想当将军的话，那支军队肯定是无法打仗的。拿破仑再厉害，真正动刀枪的还是成千上万的士兵。"

正如钱学森所说，有了小人物的安分，才成就了大人物的辉煌。大人物蓝图一描，众多勤恳的小人物努力为之工作，成绩便被一点一滴地创造出来。辉煌之后，大人物更有了资本，于是靠着一丝思想的灵感，继续推动着世界前进的脚步。

一个站在山顶上的人和一个站在山脚下的人，所处的地位虽然不同，但在两者眼中所看到的对方却是同样的大小。所以，如果你是一个平凡的小人物，千万不要妄自菲薄，不要自寻烦恼，不要因为仰慕大人物头上的光环而忽略了自己的价值。

放下你的攀比之心

一些男人坦言，最害怕去参加同学会，因为现在的同学会简直就是"攀比会"，比事业、比地位、比房子、比车子、比银子……于是，他们越比越急、越比越累，老实说，这种烦恼都是自找的，放下攀比之心，你的生活一定会轻松很多。

尽管我们都知道"人比人，气死人"的道理，可在生活中，我们还是要将自己与周围环境中的各色人物进行比较，比得过的便心满意足，比不过的便在那儿生闷气、发脾气，其实这都是我们的攀比之心在作怪，说白了就是虚荣心在作怪。

历史上也不乏权贵们互相攀比的例子。

北魏时期，河间王琛家中非常阔绰，常常与北魏皇族的元融进行攀比，要一决高低。家中珍宝、玉器、古玩、绫罗、绸缎、锦绣，无奇不有。有一次王琛对皇族元融说："不恨我不见石崇，恨石崇不见我！"石崇就是一个又富贵又爱攀比的人。

元融回家后闷闷不乐，恨自己不及王琛财宝多，竟然忧虑成病，对来探问他的人说："原来我以为只有石崇一人比我富有，谁知道王琛也比我富有，唉！"

还是这个元融，在一次赏赐中，太后让百官任意取绢，谁拿得动，这绢就属于谁。这个元融，居然扛得太多致使自己跌倒伤了脚，太后看到这种情景便不给他绢了，当时，被人们引为笑谈。

人生在世，多少都有些虚荣，虚荣本来无可厚非，但虚荣过度之时便是让人讨厌之时。攀比就是因过度虚荣而表现出来的一种让人厌恶的性格特征。

攀比有以下害处：

1. 让人情绪无常。当攀比之后胜了别人，立刻情绪高涨，自大狂妄，以为天下唯有我是最了不起的。可是比得过甲，不见得比得过乙，不如乙的时候立刻情绪低落，感觉脸上无光。

2. 易伤害交际感情。人在社会中，必须与他人交往，如果你在群体中不是去攀比甲，就是攀比乙，在攀比之中会伤害和你交往的对象。比得过，你便轻视别人、看不起别人，从而不尊重别人，别人只能对你不置可否；比不过的，你会心存妒意，或造谣或诬陷，对人用尽一切诋毁之手段，同样会伤害别人的感情，破坏良好的人际关系。最后大家都不愿意与你来往。

3. 攀比会使一个人容易走上犯罪道路。犯罪的起因无非是想尽一切办法去扩大自己的财富，提高自己的名声。当你所使用的手段不是那么正大光明时，比如你通过贪污挪用、行贿受贿来扩大自己的财富，好去虚荣地攀比，那么总有一天你会锒铛入狱。

有很多人并不认为自己是在攀比，而认为自己花钱多、购物多，穿名牌、拿手机、玩掌上电脑是讲究生活品质。

实际上，那些真正讲究生活品质的人并不是体现在表面上，也不是纯粹表现在物质这个浅层次上，"讲究生活品质"只不过是为自己肤浅的攀比行为打掩护。你只要在镜中照一下自己眼角的那些不屑、那些自满，你就会明白"生活质量"不过是攀比、炫耀的代名词。事实上，这只不过是失去了求好的精神，而将心灵、目光专注于物质欲望的满足上。在一个失去求好精神的社会中，人们误以为摆阔、奢侈、浪费就是生活品质，逐渐忘记了生活品质的实质，进而使人们失去对生活品质的判断力，攀比着追逐名牌、追逐金钱、追逐各种欲望。

如果你是一个攀比的人、一个试图攀比的人，那么，请停下你的脚步吧。

1. 别让虚荣阻碍了你享受生活。攀比让你的虚荣心满足，可为了满足你却付出了很大的代价，想方设法、不择手段、焦头烂额、心力交瘁，更大的代价是你忘了生活中还有很多比攀比更让人感到愉悦的事情。

2. 创造属于你自己的生活品质。真正的生活品质，是回到自我，清楚地衡量自己的能力与条件，在有限的条件下追求最好的事物与生活。生活品质是因长久培养了求好的精神，从而有自信，有丰富的内心世界；在外可以依靠敏感的直觉找到生活中最好的东西，在内则能居陋巷、饮粗茶、吃淡饭而依然创造愉悦多元的心灵空间。

3. 思考攀比的意义。与别人攀来比去，你最后除了虚荣心的满足或失望之外，还剩下什么？有没有意义？是徒增烦恼还是有所收获？最后思考的结果即毫无意义。你感到无意义，自然就会停止这种无聊的行为。

生活是自己的，只要自己过得开心、舒适就好，何必让有害无益的攀比损害自己的幸福呢？

如果不能勇敢地面对不幸，就会被厄运带走

莎士比亚曾说："女人，你的名字是弱者。"人们似乎认为，一切与脆弱、软弱有关的名词只与女人有关，与男人无关。其实不然。男人外表刚毅、坚强，都是做给女人看的，同时又是被世俗生活中的男性文化逼出来的。男人的口头禅是：没问题，没事儿。实际上他们只想独自躲在一边大哭一场，像野兽一样，躲在山洞里，默默地舔舐伤口。

一个战争归来的美国士兵从旧金山打电话给父母，告诉他们："爸妈，我回来了，而且要带一个朋友同我一起回家。"

"当然好啊！"他们回答，"我们会很高兴见到他的。"

不过儿子又说："可是有件事我想先告诉你们，他只有一条胳膊和一条腿。他无家可归，我想请他回来和我们一起生活。"

"儿子，很遗憾，或许我们可以帮他找个安身之处。"

"不要，爸妈，我要他和我们住在一起！"

父亲接着说："儿子，他会给我们的生活造成很大的负担。我建议你先回家，然后忘了他，他会找到自己的一片天空的。"就在此时儿子

挂上了电话。

一个月后，这对父母接到了来自旧金山警局的电话，警方告诉他们，你们亲爱的儿子已经坠楼身亡了。警方相信这是单纯的自杀案件。于是他们伤心欲绝地飞往旧金山，并在警方带领之下去辨认儿子的遗体。那的确是他们的儿子没错，但令人惊讶的是儿子居然只有一只胳膊和一条腿。

家人固然有些冷酷，但自己不珍爱自己，无法面对后天造成的缺陷，才使得生命过早凋零。有一则格言是这样说的：如果折断了一条腿，你就应该感谢上帝未曾折断你的另一条腿；如果折断了两条腿，你就应该感谢上帝没有折断脖子；如果折断了脖子，你就没有什么再值得忧虑的了。

男人不愿公开承认自己的病痛、烦恼和压力，遇事总是喜欢硬撑着。实际上敢于承认自己弱点的男人才是真正的男子汉。冷眼看不幸，虽然并不代表它已消失，但可以使因此而烦乱的心更宁静些，让你在比较中得到一份心灵的慰藉。不完美是生活的一部分，拥有不幸是人生另一种意义上的丰富和充实；正视不幸，它或许会将我们带入另一片风光地带。

拥有财富而不得意忘形

金钱是生活的必需品，是衣食住行的基本保证，没有它就不能在钢筋水泥的城市中生存。作为男人，应当珍惜你的金钱。这并不是教你吝啬，而是要你把钱用在该用的地方。假如你过分地炫耀你如何如何有钱，那么，你便将你的财富置于危险的境地。

有这样一则笑话：有位一夜暴富的大款，开着名牌跑车，戴着名牌手表，脚穿名牌皮鞋。总之，凡是能炫耀的地方，全都是名牌货。一日，他驾车外出兜风时，发生了恶性交通事故。他幸免于难，当救护人员费了九牛二虎之力，把他从车厢里救出来时，他一看被撞毁的豪华轿车，便号啕大哭："哎呀！我的奔驰呀！"这时，一名救护人员发现大款的胳膊已被撞断了，便生气地对他说："就知道哭你的车，瞧瞧你的胳膊吧！"大款看了一眼胳膊没有说什么，接着又大哭起来："哎呀！我的'劳力士'呀！"

物质上的充足代替不了精神上的空虚。除了可以炫耀的财富之外，没有风度、没有学识、没有理想、没有修养，真是"穷"得只剩下钱了。一个视金钱比生命还重要的人，与其说他拥有财富，还不如说他是财富的奴隶。

在当代，有的男人总喜欢把尊严和金钱相提并论，以为有了钱就有了尊严，炫耀财富即是高贵身份的体现。其实不然，这根本就是截然不同的两个概念，金钱买不来真正的尊严，而人的尊严也无法用金钱衡量。

一个人的尊严并非高高在上、高不可攀，以平视的角度看待世界，不必对世态常情耿耿于怀便是一种尊严的体现。

对于人情冷暖、世态炎凉，要有超然的态度才算得上大彻大悟。但很多人都没有这种超然的态度。

假使你过分地炫耀你的财富，只为抬高虚荣的身份，这只能说明你的庸俗。这样你只会离人们越来越远，甚至被完全孤立起来。当你把财富用在该用的地方时，人们反而会更加尊重你。

成熟的男人要能够正视不完美

人无完人，每个人都会有一些缺陷，外貌上的、性格上的、经历上的……苛求完美的人其实是在自寻烦恼，当一个人懂得承认自己的不完美时，他也就真正地成熟起来了。

有一个男人，单身了半辈子，突然在40岁那年结了婚。新娘跟他的年纪差不多，但是她以前是个歌星，曾经结过两次婚，都离了，现在也不红了。在朋友看来，觉得他挺亏的，这不是一个好的选择，因为新娘身上的瑕疵太多了。

有一天，他跟朋友出去，一边开车，一边笑道："我这个人，年轻的时候就盼望着能开宝马车，可是没钱，买不起；现在呀也买不起，只能买辆三手车。"

他的确开的是辆老宝马车，朋友左右看看说："三手？看来很好哇！马力也足！"

"是呀！"他大笑了起来，"旧车有什么不好？就好像我太太，第一个老公是广州人，又嫁过上海人，还在演艺圈待过20年，大大小小的场面见多了。现在老了，收了心，没有以前的娇气、浮华气了，又做得一手好菜，又懂得做家务。说老实话，现在正是她最完美的时候，反而被我遇上了，我真是幸运呀！"

"你说得挺有道理的！"朋友陷入沉思。

他拍着方向盘，继续说："其实想想我自己，我又完美吗？我还不是千疮百孔，有过许多往事、许多荒唐，正因为我们都走过了这些，所以两人都变得成熟、都懂得忍让、都彼此珍惜，这种不完美，正是一种完美啊！"

正因为这位男士能够承认自己的不完美，他才不苛求爱人完美，结果两个有瑕疵的人才能走到一起，组成了一个幸福的家庭。从某种意义上看，人就是生活在对与错、善与恶、完美与缺陷的现实中，我们既然能从优秀与完美的现实中受益，为什么就不能从自己的缺陷中受益呢？

有缺陷并不是一件坏事，那些自认为自身条件已经足够好以至于无可挑剔、不必改变现状的人往往缺乏进取心，缺少超越自我、追求成功的意志；相反，承认自己的缺陷，正确认识自己的长处与不足，可以使我们处在一种清醒的状态，遇事也容易作出最理智的判断。

在人世间，人是注定要与"缺陷"相伴，而与"完美"相去甚远的。所以，不完美也是一种完美，把自己定位为一个不完美的人，是一种豁达、成熟，更是一种智慧！

第三辑 CHAPTER 3
精品男人需要一种高雅的情调

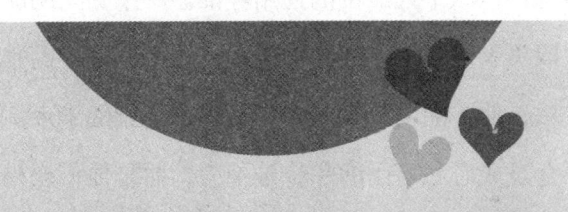

人的品位容不得半点儿的造作和虚假，男人的品位是岁月留在男人身上不经意间流露出来的一种东西。精品男人挥洒自如，不受别人左右，他总在别人觉得不可思议之处大放异彩。

雅与俗的辩证

雅与俗是评价一个人品位的通用标准。一个男人的品位是高雅还是低俗，首先取决于他在这方面的价值观。只有在他对高雅的含义有一个清晰的界定后，他才能以此来要求自己做出高雅的事来。相反，那些低俗之人并不全是成心和自己的品位过不去，而是他们模糊了雅与俗的界限，误将低俗当高雅，结果使自己的品位很低。比如，有人在公共场所吸烟，其他人对此嗤之以鼻，而他本人却以为这是一件非常潇洒的事，自我感觉非常好。

那么，何为雅？何为俗？

这里首先要解决"俗"的问题，"俗"的问题解决了，"雅"自然就水落石出。

俗的表现方式有很多。首先，吹毛求疵、忌妒别人、对小事耿耿于怀、好冲动就是低俗的人的一些表现。这样的人总爱疑神疑鬼，当看到别人聚在一起谈论时，便以为是在谈论有关他的事情。有时他为了展现自己所谓的个性，常常弄出一些可笑的事情。而有品位的人则恰恰相反。

有品位的人不会计较一些鸡毛蒜皮的小事，更不会怀疑自己受到了轻视或嘲笑，即便事实真的如此，他也会毫不在意，他宁愿保持沉默，也尽量不与人争吵。低俗的人喜爱探听市井流言，醉心于家庭小事；高雅的人则不会蝇营狗苟，为家庭琐事而纠缠不清。

其次是语言的低俗。有品位的人对自己的语言是极其在意的。他们说话时谦虚有礼，而低俗的人却巧言善辩，而且喜欢套用谚语和陈词滥调。有些时候，他会经常使用一些挂在嘴边的口头禅，会不顾场合地胡乱使用，比如"气死了"、"丑死了"，等等。低俗的人有时还喜欢使用一些晦涩难懂的词句，他极力表现自己说得正确，以显示自己与有品位的人没什么不同。

拙劣的语言、不雅的行为很容易显示出一个人低下的教育水平和低劣的朋友圈子。而常与有品位的人士接触，则会改变一个人的言行举止。

一个男人内在的德行和知识常会从他得体的衣着、优雅的风度上表现出来。衣着和风度的作用就像光泽之于钻石，不论钻石有多贵重，没有光泽也不会有人佩戴。在生意场上，风度举止尤其重要。如果一个男人行动仓促匆忙，言语强硬粗俗，则会给对方造成不快，甚至会惹怒对方。这样的后果可想而知，是绝不会令人满意的。

高品位的生活方式绝不是粗俗、浮躁之人能自觉地做到的，它需要一种心灵的基础，也就是一种心灵的锤炼。

这就是人们所提倡的人生修养。有了修养，一个男人才能实现幸福、生命和价值的目标，才能对生命意义的获得有一种全新的认知。这时你才能"成为一个高尚的人，一个纯粹的人，一个有价值的人，一个脱离了低级趣味的人"。

对人生修养的认知，是那些能够超越世俗得失的人生价值取向，以直观之心俯视人生运程，是孔子的"逝者如斯夫"的旷世凝思，是老子的"人法地，地法天，天法道，道法自然"的大智。一个男人只有具备了这种超越感，其生存状态才能够实现本质意义上的自觉。而这种超越感的获得，只能是人生修养达到一定境界的结果。

品位有多高，梦想就能有多远

每个人都有自己的梦想，但不同的人梦想的高度是不一样的。决定梦想高度的关键因素就是个人的品位。

三个工人在砌一堵墙。

有人过来问："你们在干什么？"

第一个人没好气地说："没看见吗？我们在砌墙。"

第二个人抬头笑了笑，说："我们在盖一幢高楼。"

第三个人边干边哼着歌，他的笑容很灿烂："我们正在建设一座城市。"

十年后，第一个人换了另一个工地，不过还是砌墙；第二个人坐在办公室里画图纸，他成了工程师；第三个人呢，是前两个人的老板。

三个有着同样起点的人对相同问题的不同回答，显示了他们不同的人生品位。十年后还在砌墙的那位胸无大志，当上工程师的那位理想比较现实，成为老板的那位却志存高远。最终，他们的人生品位决定了他们的命运，品位越高，走得越远，没有品位的人只有被动地接受命运的安排。

做任何事，都不会一帆风顺，总要面临挫折，面临艰难的选择。这就要求不管出现什么情况，你都要以崇高的品位来审视眼前的路，从长远的角度出发给自己定好位。同时，有品位、有思想的男人总是能预见未来。因此，要想成功就不能拘泥于现状，要扩展自己的思想领域，你必须比别人更深入地看到问题和未来的趋势，预见未来增加的价值，确定你的远大理想，把自己造就成伟大的人物。

许佳有两个学建筑学的朋友，一个朋友真心喜欢建筑学，到美国华盛顿大学去深造，其实他知道在美国学建筑学是没有太大前途的，因为美国的房子除了世贸大厦要继续建以外，摩天大楼都建得差不多了。他到美国学建筑学的目的，就是为了以后回到中国来工作，因为他知道中国的地产业需要发展。三年后，他回到中国，现在是某个有名的建筑公司一位非常著名的建筑设计师，年薪上百万元人民币，非常成功。

而许佳的另一个朋友也是学建筑学的，他学建筑学的目的是留居美国。他在国内学的就是建筑学，而且是毕业于中国知名的建筑学院。但是他的目标是要留在美国。在美国学完建筑学出来可能找不到工作，1998年刚好是美国的电脑学习非常热的时候，学建筑学的他改成学电脑是比较容易的，因为他本身在学建筑的时候就必须学电脑，因此他就改学了电脑，而且是自费。他想，反正我学完两年电脑以后出来，我就能找到至少5万美元年薪的工作，因此他学得很认真，也学得确实不错。但毕竟是半路出家，跟真正学电脑专业的人相比还是有差距的。结果等到他毕业的时候，又遇到了美国电脑经济泡沫，这个时候，大批的专业电脑人员都由于竞争激烈而离职了，更何况他还是半路出家学电脑的。因此，他一年半也没有找到工作，但是他想留在美国，所以不得不靠在饭馆打工来维持自己的生活。当他在美国找不到工作的时候，他曾经跟许佳讨论过，要不要重新回学校去学建筑学。结果他发现，已经是不可能的事了。理由很简单，两三年已经过去，他在建筑学领域已经变成落后分子了。

同样是在美国学建筑学的两个人，因为人生目标不同，差别迥异。后者的人生目标是留在美国，前者的人生目标是学习建筑学，他要为人们建造美好的，而且是为中国人民建造美好的楼房。目标不一样导致了最后生活完全不同。目光的长远与否，对自己的人生目标热爱与否，造成了他们的生活境界、水准和幸福都完全不同。

后者的人生定位带有太多的暂时性和短暂性。也就是说，他是为了能留在美国，为了能够找到一份好工作而学电脑，并不是因为打算以电脑为事业，具有明显的功利性甚至是盲目性。

对于任何一个男人来说，人生定位的确和其价值观、前途、兴趣是密切相关的。在定位目标的时候，你可以有暂时的功利性，但是，这个暂时的功利性，要跟你的职业发展相结合。要考虑长远，要有预见性。具体地说，在设定目标时，要把近期目标与长远目标结合起来。要基于自身的能力、发展潜力和社会经济发展的趋势，勾画出自己职业生涯的长期目标，使它具有"未来预期"、"宏观综合"、"人生理想"、"发展方向"、"引导短期"和"自身可变"的性质。长期目标一般为10年、20年、30年，是短期和近期目标所追求的最终目标。

另外，在为自己设定人生目标的时候，不要太受社会大环境的影响。

比如说，今年社会上需要电脑人员，明年可能需要工商管理人员，因为从众心理，极有可能等到你学完工商管理的时候，社会上的工商管理人员已经过剩了，结果你还是找不到自己的位置。

作为男人，在任何时候都要有长远的眼光。做任何事都不会一帆风顺，总要面临曲折。这就要求你在最困难的时候要有崇高的品位，要给自己定好位。

许多人往往对自己的能力缺乏自信，他们虽然具备足够的能力，但却自惭形秽，常觉得自己低人一等、自己看不起自己进而沦落到别人看不起的位置，并陷入不能自拔的境地。缺乏自信的人是不可能赢得真正的成功的，更不可能得到真正的幸福，因为健全的自信心是获得成功的关键。

梦想是人类的天性，成功者会展开梦想的翅膀，立定目标飞向光明的未来，去追求人生的成功。信念多一分，成功就多十分。充满信心的人，信念能移山；把成功看得很艰难、认为自己不能实现的人，不会成就事业。

拿破仑认为，如果你是一只鹰，你就有飞翔的本能。男人，只要你的品位够高，你就一定能真正飞起来。

越随和，越有品位

纵观那些有影响、有成就的人物，他们都有一个共同的特点：心态随和、平易近人。而与此相对照，非常有趣的是，越是平庸的人越是易怒暴躁，他们动辄就因一些鸡毛蒜皮的事儿大发雷霆。这样的人最不受人欢迎，也没有什么修养、品位可言。

一位曾在酒店行业摸、爬、滚、打多年的老总说："一个人不见得有比使他伤脑筋更大的事情了。在经营饭店的过程中，几乎天天都会发生能把我气得半死的事儿。当我在经营饭店并为生计而必须得与人打交道的时候，我心中总是牢记着两件事情，第一件是，绝不能让别人的劣势战胜我的优势；第二件是，每当事情出了差错，或者某人真的使我生气了，我不仅不要大发雷霆，而且还要十分镇静，这样做对我的身心健康是大有好处的。"

一位商界精英说："在我与别人共同工作的一生中，多少学到了一些东西，其中之一就是，绝不要对一个人喊叫，除非他离得太远，不喊就听不见。即使那样，也要确保让他明白你为什么对他喊叫，对人喊叫在任何时候都是没有价值的，这是我一生的经验。喊叫只能制造不必要的烦恼。"

一个经理向全体职工宣布，从明天起谁也不许迟到，自己带头。第二天，经理睡过了头，一起床就晚了。他十分沮丧，开车拼命奔向公司，连闯两次红灯，驾照被扣，他气喘吁吁地坐在自己的办公室。营销经理来了，他问："昨天那批货物是否发出去了？"营销经理说："昨天没来得及，今天马上发。"他一拍桌子，严厉训斥了营销经理。营销经理满肚子不愉快地回到了自己的办公室。此时秘书进来了，他问昨天那份文件是否打印完了，秘书说没来得及，今天马上打。营销经理找到了出气的借口，严厉责骂了秘书。秘书忍气吞声一直到下班，回到家里，发现孩子躺在沙发上看电视，大骂孩子为什么不看书、写作业。孩子带着极大的不高兴来到自己的房间，发现猫竟然趴在自己的地毯上，他把猫狠狠地踢了一脚。

这就是愤怒所引起的一系列不良反应，我们自己恐怕都有过类似的经历，叫做"迁怒于人"。在单位被领导训斥了，工作上遇到了不顺利的事，回家对着家人出气。在家同家人发生了不愉快，把家里的东西砸了，又把这种不愉快的情绪带到了工作单位，影响工作的正常进行。甚至可能路上碰到了陌生人，自行车被剐蹭了一下，就同别人发生口角。如果发生不愉快之后开车发泄，后果就更不堪设想了。

在我们的生活中，的确存在着这样一些男人，他们爱发脾气，容易愤怒，稍不如意便火冒三丈，发怒时极易丧失理智，轻则出言不逊，影响人际关系，重则伤人毁物，有时还会造成难以挽回的损失，事后让人追悔莫及。

愤怒是一种常见的消极情绪，它是当人对客观现实的某些方面不满，或者个人的意愿一再受到阻碍时产生的一种身心紧张状态。在人的需要得不到满足、遭到失败、遇到不平、个人自由受限制、言论遭人反对、无端受人侮辱、隐私被人揭穿、上当受骗等多种情形下人都会产生愤怒的情绪，愤怒的程度会因诱发的原因和个人气质的不同而有不满、生气、愤忿、恼怒、大怒、暴怒等不同层次。发怒是一种短暂的情绪紧张状态，往往像暴风骤雨一样来得猛，去得快，但在短时间里会有较强的紧张情绪和行为反应。

易怒主要与人的个性特点有关，易怒者大都属于气质类型中的胆汁质。胆汁质的人直率热情，容易冲动，情绪变化快，脾气急躁，容易发怒。易怒还与年龄有关，青年人年轻气盛，情绪冲动而不稳定，自我控制力差，因此比年长者更易发怒。

轻易地发怒，这在大多情况下不但不会解决问题，反而会激化矛盾，得不偿失。

作为一个男人，你一定要明白，愤怒容易坏事，还容易伤身。人在强烈愤怒时，其恶劣情绪会致使内分泌发生强烈变化，产生大量的激素或其他化学物质，会对人体造成极大的危害。

培根说："愤怒就像地雷，碰到任何东西都一同毁灭。"如果你不注意培养自己忍耐、心平气和的性情，一旦碰到"导火线"就暴跳如雷，情绪失控，就会把好事情全都搞砸。

自然界是个有条不紊、有规律运行的有机体。只要正常运转，一切都会秩序井然，按部就班，就像一台计算机、一架飞机、一台机器，如果操作正常，控制良好，就能发挥它们的正常作用。人的情绪也如一台机器一样，一旦失控，就不能正常运转，甚至给外界带来危险。

我们也许看到过交通拥挤的十字路口红绿灯失控时的"惨状"，整个路面成了车的海洋，不耐烦的司机在里面鸣笛叫喊，喇叭声充斥，不绝于耳，整个交通处于瘫痪与混乱的状态。如果没有交警的管理疏导，不知道会拖延到什么时候，会造成什么后果。同样，如果人人都情绪失控，这世界又会怎样呢？

所以，当别人对你的缺点提出批评甚至指责时，当你和朋友为某件小事"斗嘴"时，当你一时感到生活压抑时，你一定要学会克制自己的愤怒，让你的大脑"冷却"下来，让你胸中的"惊涛骇浪"平静下来，把你的粗嗓门压下来，把你要伸出的拳头收回来……

常言道：忍一时风平浪静，退一步海阔天空。不必为一些小事而斤斤计较。我们不提倡无原则的让步，但有些事没必要"火上浇油"，那只会使事情更糟，只会破坏你在别人眼中的形象。

假如你发起脾气来，对人家发作一番，你虽然非常痛快地发泄了你的不满，但那个人会怎样？他能分担你的忧愁吗？你那争斗的声调、仇视的态度，能使他接受你吗？

人人都有不易控制自己情绪的弱点，但人并非注定要成为情绪的奴隶或喜怒无常的心情的牺牲品。学会消灭破坏我们舒适、幸福的生活和阻碍我们成功的情绪的敌人，是一门很精深的艺术。

情绪是内心深处的一种思想情感，但它却往往会被外界的事物所控制，并随之而摇摆不定。作为男人的你如果能够驾驭自己的情绪，随和待人，那么你未来的人生一定会更上一层楼。

果断和魄力是成就男人品位的关键

快速的决策和超常的胆量是许多成功人士所必备的素质，因为这些人深刻地意识到优柔寡断的个性只能带来灾难性的后果。那些总是摇摆不定、犹豫不决的人注定是个性软弱、没有活力的人，他们最终将一事无成。

对于一个男人来说，这一点尤其重要。

曾经有一位担任著名公司要职的先生，一直以来工作很投入、很卖力，成绩突出，因此深受上级的赏识，不断地被提拔并被委以新的重任。上任伊始，他就面临着许多重要的工作，有些是自己没有经历过的，但他不畏惧，非常努力地工作着。什么事都亲力亲为，唯恐事情办不好。

即使这样，有些需要即刻做出决定的问题在他案头仍然堆积成山，这倒并不是因为他办事效率低，而是有些问题他拿不定主意，便希望放一段时间，等事态更明朗一些再做决定。

所以，许多需要解决的、十万火急的问题就渐渐地在他的案头沉淀了下来，老板和同事在看待他的工作时，眼中都有了异色。大家对他的评价，也逐渐由赞扬、欣赏转为了办事拖沓、优柔寡断。他为此感到困扰和痛苦，导致夜不能寐，烦躁不安，工作效率也开始下降。无疑，这种情况更加重了他的担心和恐惧，慢慢地当面对未解决的问题时，他感到更加左右为难，难以做出正确的抉择。

令他觉得心理不平衡的是，他办事的出发点是想再等等看，观察事情有何变化后再做决定，没想到，大家的评价竟是"优柔寡断"。

虽然他从不担心会把事情弄糟，但是，有时候他也会担心没有把事情做得更好。

他一旦发觉自己某方面的工作有可能做得不尽如人意时，则焦虑不安、犹豫不决，久而久之，前怕狼后怕虎的状态便出现了，失去了初期那种"初生牛犊不怕虎"的气势，事业走下坡路的苗头出现了，焦虑症状产生了，各种躯体的症状也随之表现出来，一连串的生理、心理疾病就不免产生了。

这位先生想让事态变得更明朗时才做决策，以避免做出错误的决策，原本有一定的道理，但在瞬息万变的现代社会，机会是稍纵即逝的，所谓"机不可失，时不再来"就是这个道理，而他在等待与拖延中极有可能白白错过机会。更何况，公司的工作有一定流程与安排，他的这种解决问题的办法的确会产生危机。

优柔寡断是做人与做事的大忌。一个人永远不应该在冥思苦想中一会儿提出问题的这一面，一会儿又提出问题的另一面，试图面面俱到。万事都追求平衡的人作出的无益而琐碎的分析，是抓不住事物的本质的。决策最好是决定性的、不可更改的，一旦做出之后就要倾尽所有的力量去执行，就算有时候会犯错，也比某些人那种事事求平衡、总是思来想去和拖延不决的习惯要好。当我们致力于养成一种快速决策的习惯时，哪怕在最初的一段时间里这种做法显得有些机械，它也会让我们产生对自己具有判断力的信心。

习惯于犹豫的人，对于自己完全失去自信，所以，在比较重要的事件面前，他们总没有决断。有些素质、人品及机遇都很好的人，就因为犹豫的性格，一生也就给蹉跎了。威廉·沃特说："如果一个人永远徘徊于两件事之间，对自己先做哪一件事犹豫不决，他将会一件事情都做不成。如果一个人原本做了决定，但在听到自己朋友的反对意见时犹豫动摇、举棋不定——在一种意见和另一种意见、这个计划和那个计划之间跳来跳去，像风标一样摇摆不定，每一阵微风都能影响他，那么，这样的人肯定是个性软弱、没有主见的人，他在任何事情上都只能是一无所成，无论是举足轻重的大事还是微不足道的小事，概莫能外。他不是在一切事情上积极进取，而是宁愿在原地踏步，或者说干脆是倒退。古罗马诗人卢坎笔下描写了一种具有恺撒式坚韧不拔精神的人，实际上也只有这种人才能获得最后的成功。这种人会首先聪明地请教别人，并与他人进行商议，然后果断地做出决策，再以毫不妥协的勇气和坚强的意志力来执行他的决策。"

莎士比亚笔下的哈姆雷特就是患有优柔寡断这种性格疾病的典型例子，他实际的精神能力和他的理想之间存在着很大的差距。有些人只看见事物的一面就很容易做出决定，也很容易分辨出该采取什么样的措施，但哈姆雷特看见了事物的所有方面，他的头脑里充斥了各种各样的观念、恐惧和臆测，他的性格变得优柔寡断、拖泥带水，他无法断定自己看到的鬼魂是否真的就是父亲的冤魂，也无法断定自己的决定是好是坏、是吉是凶，因而他一遍遍地问自己："是活着还是死去？"

墙头草般左右不定的人，无论他在其他方面有多强大，在生命的竞赛中，他总是容易被那些坚持自己的意志且永不动摇的人挤到一边，因为后者明白自己想要做什么并立刻着手去做。甚至可以这样说，连最睿智的头脑都要让位于果敢的判断力。毕竟，站在河的此岸犹豫不决的人，是永远不会登陆彼岸的。

数不胜数的成功者就是因为在某个关键点上，冒着巨大的风险，快速地做出决定，从而彻底地改变了自己的人生境遇，彰显了自己的魅力。而成千上万的人之所以在生命的战场上溃败而归，仅仅是因为耽搁和延误。

果断的性格无论是对于领导者，还是对于普通劳动者；无论是对于工作，还是对于生活和学习，都是至关重要的。

坚决果断，是勇敢、大胆、坚定和顽强等多种意志素质的综合。

果断的性格，是在克服优柔寡断的过程中不断增强的。人有发达的大脑，行动具有目的性、计划性，但过多的事前考虑，往往使人们犹豫不决，陷入优柔寡断的境地。许多人在做出决定时，常常感到这样做也有不妥，那样做也有困难，无休止地纠缠于细节问题之中，在诸多方案中徘徊犹豫，陷入束手无策和茫然不知所措的境地，这就是事前思虑过多的缘故。遇到大事情是需要深思熟虑的，然而，生活中真正称得上大事的并不多。况且，任何事情，总不能等待形势完全明朗时才做决定。事前多想固然重要，但"多谋"还要"善断"，要放弃在事前追求"万全之策"的想法。实际上，事前追求百分之百的把握，结果却常常是一个真正有把握的办法也拿不出来。果断的人在做决定时，他的决定在开始时也不可能会是什么"万全之策"，只不过是诸多方案中较好的一种。但是，在执行过程中，他可以随时依据变化了的情况对原方案进行调整和补充，从而使原来的方案逐步完善起来。

林肯总统在安特塔姆战役刚刚结束后就对国会说："宣布解放奴隶法的时刻已经到了，不能再拖延下去了。"他认为，公众的情感将会支持这一法令，并且他还对着上帝发誓，自己一定会采纳这一政策。他庄严地宣誓，如果李将军被赶出宾夕法尼亚州的话，他将以解放奴隶来表彰这一胜利。

果断的性格的确让人受益无穷。也许一开始，你的决断不免有错误，但是，你从中得到的经验和益处，足以补偿你因错误而蒙受的损失。更为重要的是，你在关键时刻作出决断的自信，会赢得他人的信任。拿破仑在紧急情况下总是能够立即抓住自己认为最明智的做法，而牺牲其他所有可能的计划和目标，因为他从不允许其他的计划和目标来不断地扰乱自己的思维和行动。这是一种有效的方法，充分体现了勇敢决断的力量。换句话说，也就是要立即选择最明智的做法和计划，而放弃其他所有可能的行动方案。

决断并非一意孤行的"盲断"，也非逞一时之快的"妄断"，更非一手遮天的"专断"。决断除了要有客观的事实根据、出众的预见性眼光外，更要有决心与魄力。

莎士比亚说："我记得，当恺撒说'做这个'时，就意味着事情已经做了。"乔治·艾略特则这样判断一个人："等到事情有了确定的结果时才肯做事的人，永远都不可能成就大事。"

不管你想不想成就惊天动地的大事，但作为男人，你必须具备这种果断的做事方法和魄力。换一种说法，你可以不做领袖，但这种领袖的气质，对你是大有裨益的。

在休闲中提升生活质量

休闲，不是"休而闲之"，休，是条件；闲，是形态。但无可否认的是，我们身边有些人，如果休闲过分了，是休也未"休"、是闲也未"闲"。我们常常可以看到，在一个期盼已久的长假之后，人们常常说的一句话便是："真累！"这表明，这个假日并没有起到身心放松和调节的作用。从这个层面上说，休闲更能见证人的品位。如何享用"闲"，关键不能把"闲"庸俗化，也不能把"休闲"当成无遮无拦的闲情逸致。西方发达国家普遍认识到"闲"在人的生命中有重要的价值，因此十分珍惜"闲暇时间"的合理支配与科学利用，并把"休闲教育"作为全体国民的一门人生的必修课来对待，通过休闲教育获得休闲的"资格"，以使人能在休闲中得到一种修养的提升。

美国联邦教育局将休闲教育列为青少年教育的一条"中心原则"，作为正确树立人生价值观的途径。这个中心原则是：提升个人生活质量的整体活动，提升对休闲价值、态度和目的的认识。休闲教育的内容也很广泛，包括智力的、肢体的、审美的、心理的、社会经验的；创造性地表达观念、方法、色彩、声音和活动；主动参加各种公益活动、野外生活，和促进健康生活的身体娱乐，培养一种达到小憩、休息和松弛的平衡方法的经验和过程。近年来，还兴起了通过创造性的休闲方式来表达自己的追求与理念，从人文精神和人文追求的角度丰富闲暇时间的各种公益活动。比如参加志愿者活动、捐助活动、慈善活动、扶贫济困、社会救助、环保、爱动物与爱植物的活动，鼓励人们把自我发展和承担社会责任联系在一起，用这样的行为方式营造充满温馨、友善、互助的休闲过程，使之成为一种新的社会与个人的财富。

科学家曾结合人的这种休闲行为做了科学实验，结果表明：热衷于做有益于他人的事的人比其他人健康，生活在自然中的人比其他人健康，乐观的人比悲观的人健康，经常微笑或歌唱的人比其他人健康，从事志愿者服务的人比其他人健康，积极享受生活的人比被动应付生活的人健康，很少收看电视的人比经常收看电视的人健康。由此看来，聪明的休闲，也是获得健康的重要保障。所以，那些学会了既能享受工作、又能有价值地利用闲暇时间的人，才会感到生活是一个整体，才会感到生命的价值。"未来"不仅属于受过教育的人，更属于那些会休闲的人。

世界卫生组织把健康定义为："不但没有身体的缺陷和疾病，还要有完整的生理、心理状态和社会适应能力。"这就是休闲的目的，远离污浊，拒绝放纵，舒展身体，抚慰灵魂。

轻松是休闲的传神气质。轻松能使所有的循规蹈矩和倦怠慵懒如九霄浮云随风而去。同样，所有的低级趣味都是对休闲的蒙羞与扭曲，或是认识上的浅薄。

休闲沉淀了浮躁、焦虑、犹疑……人们安详地享受沉淀后的从容，不急不躁、宠辱不惊，不放纵、不盲目。休闲需要从容，从容不是说缺乏魄力。溪水潺潺，终致鹅卵石的浑圆；春风无意，却悄悄地为满山遍野铺满了新绿。从容能化解所有的生命之重，不再锱铢必较，不再耿耿于怀。休闲的空气，是醇香且淡雅的美酒，返璞归真是从容的知音，在从容的休闲里你会感到生活就是一首诗。

听音乐能让你更放松

听音乐可以放松身心，当繁重的工作使你感到烦闷和疲惫时，便可以尝试一下。

在医学上有一个著名的"莫扎特效应",这是说,当你听完一曲莫扎特的音乐之后,你的大脑活力将会增强,思维更敏捷,运动更有效,它甚至可缓解癫痫病人等患神经障碍的病人的病情。6年前,研究者证明,在 IQ 测试中,听莫扎特的受试者的得分比其他人更高。

1975 年,美国音乐界的知名人士凯金太尔夫人因患乳腺癌,病魔缠身,身体状况每况愈下,濒临死亡的边缘。这时候,凯金太尔夫人的父亲不顾年迈体弱,天天坚持用钢琴为爱女弹奏乐曲。或许是充满爱心的旋律感动了上帝。两年之后奇迹出现了,凯金太尔夫人战胜了乳腺癌。康复后,她热情似火地投身于音乐疗法的活动,出任美国某癌症治疗中心音乐治疗队主任。凯金太尔夫人弹奏吉他,自谱、自奏、自唱,引吭高歌,帮助癌症病人振奋精神,与绝症进行顽强的拼搏。

德国科学家马泰松致力于音乐疗法几十年,在对爱好音乐的家庭进行调查后注意到,常常聆听舒缓音乐的家庭成员,大都举止文雅、性情温柔;与低沉古典音乐特别有缘的家庭成员,相互之间能够做到和睦谦让、彬彬有礼;对浪漫音乐特别钟情的家庭成员,其性格表现为思想活跃、热情开朗。他由此得出结论说:"旋律具有主要的意义,并且是音乐完美的最高峰。"音乐之所以能给人以艺术的享受,并有益于健康,正是因为音乐有动人的旋律。

音乐是起源于自然界中的声音,人与自然息息相关,所以音乐对人的精神、脏腑必然会产生相应的影响。音乐主要是通过乐曲本身的节奏、旋律,以及速度、音量、音调等的不同而产生差异的疗效。在进行音乐治疗时,应根据病情诊断,在辩证配曲的原则下,选择适当的乐曲组成音疗处方。

烦恼时听听音乐，能重新燃起生活的热情，唤起人们对美好生活的回忆和憧憬，使人心理趋于平静，心绪得到改善，精神受到陶冶。

既然音乐有这么多的用处，不妨在工作之余或茶余饭后戴上耳机，听一曲柔美舒缓的音乐，让身心在优美动听的节奏中彻底放松。

在书本中感受人生乐趣

读书除了可以获取知识外，还是一种不错的休闲方式，离开书本的日子将是十分苍白和乏味的。

程颐说："外物之味，久则可厌；读书之味，愈久愈深。"张竹坡说："读到喜、怒俱忘，是大乐处。"苏东坡说："腹有诗书气自华。"衣着，赋予你外在的美；读书，才能给你气质的美。拥有了书，生命也就有了寄托。

托尔斯泰酷爱读书。在他的私人藏书室中，参观者可以看见13个书橱，里面珍藏着2.3万多册20余种语言的书籍。这些藏书为他的创作提供了大量的原始资料。据说，他喜欢把书借给别人看，与他人共享读书的快乐。

读书，是一种美丽的行为。在读书中，天上人间，尽收眼底；五湖四海,皆在脚下;古今中外,了然于胸。读书,让我们懂得了什么是真、善、美,什么是假、恶、丑;读书,让我们丰富了自己、升华了自己、突破了自己、完善了自己。

读书是一种享受。常读优美感人的文章,可以把读者引进一个轻松愉快的美丽意境,使读者产生一种忘却一切纷扰的感觉,从而心旷神怡,心情舒畅,神情开朗。

寒夜孤灯,捧书卷,闻墨香,那感觉如同盛夏里吸吮冰凉的饮料,甜滋滋、冰冰凉。读书的感觉,只有爱读书的人才会拥有;读书的快乐,在求知的过程中才能感受到。读书,让你品味人生的酸甜苦辣,品味生活中的各色景观。

人是需要读一些书的,许多人在生活中迷失了方向,通过读书可以把自己从物欲名利中解脱出来,塑造美好的生活观念。

古今中外名人对读书都给予极精彩的话语,唐代诗人皮日休赞美读书的好处:"唯文有色,艳于西子;唯文有华,秀于百卉。"英国莎士比亚谈道:"书籍是全世界的营养品。生活里没有书籍,就好像没有阳光;智慧里没有书籍,就好像鸟儿没有翅膀。"

当代作家贾平凹说得更为精彩:"能识天地之大,能晓人生之难,有自知之明,有预料之先,不为苦而悲,不受宠而欢,寂寞时不寂寞,孤单时不孤单,所以绝权欲,弃浮华,潇洒达观,于嚣烦尘世而自尊自强、自立不畏、不俗不谄。"

当然,读书最快乐的境界莫过于进入美感境地,我们没有功利目的,只读自己喜欢的书。读书使我们足不出户便可以心游万仞,目极八荒,人们在书海中遨游,捡拾美丽的贝壳,构筑自己的精神大厦。

精品男人书

喜好读书是好习惯，然而喜读书还要善读书，善读书还要善用书。读书要有所选择，漫无目标、无书不读的人，他们的知识不会精湛。读书无选择，便只能当一个书架，你放上什么书，它便容纳什么书。要读自己喜欢读的书，就像交友一样，有的人可以成为无所不谈的知己，而有的人则只能是泛泛之交，有的人则需敬而远之。

你可能会感到为难：自己每天有那么多的工作要处理，哪有时间读书呢？

如果你没有大量的时间用来读书，那么每天抽15分钟用来读书是可以办到的。每天阅读15分钟，这意味着你将一周读半本书，一个月读两本书，一年读大约20本书，一生读1000本或超过1000本书。这是一个简单易行的博览群书的办法。从你一生的心理成长规律、空闲时间安排，以及普遍的需要出发，你的一生至少需要深读1000本专业以外的书籍，包括文学、科学、医学、哲学、历史、艺术以及其他方面的书籍。

虽然现在我们的生活丰富了，却再也无法轻易获得那种由阅读所带来的单纯的快乐了。我们经常对人抱怨城居生活的单调与恶俗，抱怨无处不在的汽笛声和城建的机器声如何可怕的阻碍了自己读书和思考的兴致……殊不知，这所有的抱怨只是一种借口，一些浮华的尘埃已落入我们心中，并挥之不去了。

我们必须挤出每天的15分钟，最好是每天的固定时间，这样所有其他的空闲时间就都是额外的收获了。我们唯一需要的是读书的决心，有了决心，不管多忙，你一定能找到这15分钟。同时，手上一定要有书，一旦开始阅读，这15分钟里的每一秒都不应该浪费，事先把要读的书准备好，穿衣服的时候就把书放在口袋里，床上放上一本书，卫生间放上一本书，饭桌旁边也放上一本，书架上、书桌上，永远不能让书本缺席。当你心生烦恼或忧愁，当你觉得形单影只，或觉得委屈、沮丧、怨恨时，请把与你心境有关的书籍拿出来阅读。

古人曾说："三日不读书，面目可憎，语言无味。"所以请多找点儿时间来阅读吧，与书相伴才是最富足的人生。

读书是一件美好而有意义的事，在潜移默化中，你对世间万物的着眼角度开始发生变化，你会用心去体味人生的真正含义，能够快乐积极地对待生活，学会欣赏美并去创造美，你将踏着智者们的思想阶梯逐步达到一定的领悟境界，认识到宇宙的博大和自身的渺小。

培养一两样良好的兴趣爱好

在忙碌的工作之余，你应该给自己寻找一些能够充实生活、让生活变得生动有趣的东西，例如爱好。

爱好可以给人一种对快乐的期望与感受，而且，爱好越强烈，这种期望与感受也越强烈。

兴趣和爱好都是人所不可或缺的，它们对人的需求是一种满足、调剂与丰富。任何需求得到满足，都会给人一种愉快的感觉，例如，同样是一顿饭，饥饿者和饱食者的感受并不相同，需要本身的强烈程度也直接影响到人的快乐程度，这就是兴趣、爱好的程度越强烈，当它得到满足时给人的快乐也越强烈的原因所在。

而且，努力培养自己对厌烦事物的兴趣与爱好，这是享受快乐的一大良方。面对讨厌的事物，理所当然是难以感到快乐的。其实不然，当你培养起对厌烦事物的兴趣与爱好时，神奇的变化便发生了，这些事物赋予你的将不再是烦躁，而是无穷的乐趣。而且，你不必担心爱好会耽误你的工作，恰恰相反，如果它是健康的反而会提升你的工作效率。

美国前总统富兰克林·罗斯福即使在战争最艰苦的年代里，仍然坚持每天抽出一点儿时间来从事自己的爱好——集邮。做自己喜欢做的事，可以让他忘记周围的一切烦心事，让心情彻底放松，让大脑重新清醒起来。

爱好不但可以使人愉悦身心、放松心情，还有延年益寿之功效。有人做过这样的研究，他们试图找到长寿老人的共同特点。他们研究了食物、运动、观念等多方面因素对健康的影响，结果令人惊讶，长寿老人们在饮食和运动方面几乎没有完全共同的特点，但有一点却是共同的，即他们都有自己的爱好，并且把它作为自己的人生目标而为之奋斗，这就是他们的精神寄托。

所以，无论你对生活多么不满，一定要有人生目标，要有点儿爱好，有点儿精神食粮，因为它能使你看清人生的使命，能让你找到心灵的家园，从而使你的人生更有意义。

在美国长岛，有一位名叫莱伯曼的百岁老人，他头发花白，但精神矍铄，老人看上去最多不超过 80 岁。据老人讲，他根本没想到自己能活这么大年纪,因为在他80岁的时候,曾对生命失去了兴趣,以为自己到了寿终正寝的时候,那时他的健康状况很差,看上去像是真的快不行了,可一次偶然的机会,他与绘画结缘,从此他便迎来了自己人生的第二春。

莱伯曼是在一家老年人俱乐部里和绘画结下缘分的。那时,老人退休已多年,他常到城里的俱乐部去下棋,以此消磨时间。一天,女办事员告诉他,往常的那位棋友因身体不适,不能前来作陪。看到老人的失望神情,这位热情的办事员就建议他到画室去转一转,并且说他还可以试着画几下。

"您说什么,让我作画?"老人好奇地问道,"我可从来没摸过画笔呀!"

"那不要紧,试试看嘛!说不定您会觉得很有意思呢!"在女办事员的坚持下,莱伯曼到了画室,平生第一次摆弄起画笔和颜料来,他很快就入迷了,周围的人也都认为他简直就是一个天生的画家。81岁那年,老人开始去听绘画课,开始学习绘画知识。从此,老人重新找到了生活的乐趣,精神一天天好了起来。

1997年,洛杉矶一家颇有名望的艺术陈列馆专门为莱伯曼举办了一次画展。此时,已年过百岁的莱伯曼精神抖擞地站在入口处,笑容满面,迎接参加开幕仪式的来宾,许多有名的收藏家、评论家和新闻记者全都慕名而来。他作品中表现出来的活力,赢得了许多观众的赞赏。

老人在展后接受采访时说:"我不说我有101岁的年纪,而是说有101年的成熟。我要借此机会向那些自认为上了年纪的人表明,这不是生活暮年,不要总去想还能活到哪年,而要想还能做什么,着手做点儿自己喜欢的事，这才是生活！"

　　生活中，如果你能每天抽出一点儿时间来做自己喜欢做的事，将会使心灵更美，生活更有情趣，生命也更有意义。

　　爱好是可以培养的，行动起来吧，从现在起找一项让自己感兴趣的爱好，这样你的生命就不会再枯燥乏味，你的身心也可以得到放松了。

第四辑
CHAPTER 4

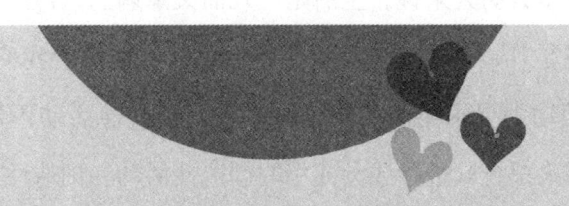

精品男人对生活的自律

精品男人对人生、对自己有一种省悟，精品男人可以洞察一切，让自己与众不同，让自己活得精彩！精品男人不会刻意表现，他们胜在对生活的自律。

坚守你的个性，丰富心中的色彩

对于大多数男人来说，生活是平凡而又单调的，但我们要在这平凡中创造出不平凡，在单调中发掘出不单调，这就需要我们男人去创新，在智慧的涌动中寻求生活的快乐和幸福。创造性活动不是科学家的专利，每个男人都可以进行或大或小的创造性活动。创造性活动并非高不可攀，只要我们开动脑筋，改变事物固有的模式，推出令人耳目一新的东西，就是创造。

从前，有个小男孩要去上学了。他的年纪这么小，学校看起来却是那么大。小男孩发现进了校门口便是他的教室时，他觉得高兴。因为这样学校看起来，不再那么巨大。

一天早上，老师开始上课，她说："今天，我们来学画画。"小男孩心想："好哇！"因为他喜欢画画。

他会画许多东西，如，狮子和老虎，小鸡和母牛，火车以及小船……他兴奋地拿出蜡笔，径自画了起来。

但是，老师说："等等，现在还不能开始。"

老师停了下来，直到全班的学生都专心地看着她。老师又说："现在，我们来学画花。"

小男孩心里高兴，我喜欢画花，他开始用粉红色、橙色、蓝色蜡笔勾勒出他自己的花朵。

但此时，老师又打断大家："等等，我要教你们怎么画。"

于是她在黑板上画了一朵花。花是红色的，茎是绿色的。"看这里，你们可以开始学着画了。"

小男孩看着老师画的花，又看看自己画的，他比较喜欢自己的花。

但是他不能说出来，只能把老师的花画在纸的背面，那是一朵红色的花，下面长着绿色的茎。

又一天，小男孩进入教室，老师说："今天，我们用黏土来做东西。"

男孩心想："好棒。"他喜欢玩黏土。他会用黏土做许多东西，蛇和雪人，大象及老鼠，汽车、货车，他开始揉搓那球状的黏土。老师说："现在，我们来做个盘子。"

男孩心想："嗯，我喜欢。"他喜欢做盘子，没多久，各式各样的盘子便做出来了。但老师说："等等，我要教你们怎么做。"她做了一个深底的盘子。"你们可以照着做了。"

小男孩看着老师做的盘子，又看看自己的。

他实在比较喜欢自己的，但他不能说，他只是将黏土又揉成一个大球，再照着老师的方法做，那是个深底的盘子。

很快地，小男孩学会等着、看着，仿效着老师，做相同的事。

很快地，他不再创造自己的东西了。

一天，男孩全家人要搬到其他城市，而小男孩只得转学到另一所学校。

这所学校甚至更大，教室也不在校门口。现在，他要爬楼梯，沿着长廊走才能到达教室。

第一天上课，老师说："今天，我们来画画。"

男孩想："真好！"他等着老师教他怎么做，但老师什么也没说，只是沿着教室走。

老师来到男孩身边，她问："你不想画吗？"

"我很喜欢啊！今天我们要画什么？"

"我不知道，让你们自由发挥。"

"那，我应该怎样画呢？"

"随你喜欢。"老师回答。

"可以用任何颜色吗？"

老师对他说："如果每个人都画相同的图案，用一样的颜色，我怎么分辨是谁画的呢？"于是，小男孩开始用粉红色、橙色、蓝色画出自己的小花。

小男孩喜欢这个新学校，即使教室不在校门口。

盲目地跟从他人，你只能看到人家的后背，既看不清脚下的路，也无法看清方向，更观赏不了远方的风景，那和盲人又有什么区别？画家如果拿旁人的作品作自己的标准或典范，他画出来的画就没有什么价值。如果努力地从自然事物中学习，他们就会形成自己的风格。我们的思想总是局限在学校书本的条条框框，我们只有挣脱束缚，用本性去思考问题，才能取得观念上的突破。生存于现今社会，个性无须过分张扬，这样易引发他人的反感，但没有了个性，生命就会失去光彩。记住，守住心门，守住内心的个性，这才是你创造的源泉，是你取之不尽用之不竭的宝库。

具有高度的自制力是一种美德

也许拥有自制力就意味着成熟。当自制力从你的心中崛起时，男人就将远离往日的欢乐。但请你相信，自制力是事业成功的必要条件。

控制自己不是一件容易的事情，因为每个男人心中永远存在着理智与情感的斗争。"做自己高兴做的事"，或者采取一种不顾一切地态度并不是真正的自由。你应该有战胜自己的信心，有控制自己命运的能力。如果任由感情支配自己的行动，自己就成了感情的奴隶。

如果你今天计划做某件事，是否能离开温暖的小窝而义无反顾地披衣下床？如果你要远行，但身体乏力，你是否会取消旅行的计划？如果你正在做的一件事遇到了难以克服的困难，你是继续做呢，还是停下来等等看？诸如此类的问题，若在纸面上回答，答案一目了然，但当你身处其中，自己去问自己时，恐怕就不会回答得那么干脆了。眼见的事实是，有那么多的人一旦在生活、工作中遇到了难题，就被吓倒了。他们不是不会简单地回答这些问题，而是在思想上难以控制自己。

如果一个男人任由冲动和激情支配自己，那么，在特殊时刻，他可能会完全放弃自己的道德标准，会随波逐流，成为追赶强烈欲望的奴隶，甚至侵害他人利益。因此，我们又说自制力是一切美德的根本。

很多男人在生活中难免会遇到恶意的攻击、陷害，甚至经常会碰到种种不如意。有的男人会因此大动肝火，结果把事情搞得越来越糟，而有的男人则能很好地控制住自己，泰然自若地面对各种刁难和不如意，在生活中永远立于不败之地。

1980年美国总统大选期间，里根在一次关键的电视辩论中，面对竞选对手卡特对他在当演员时期的生活作风问题发起的蓄意攻击，当时他丝毫没有愤怒地表示，只是微微一笑，诙谐地调侃说："你又来这一套了。"一时间引得听众哈哈大笑。里根这么做，反而把卡特推入尴尬的境地，从而为自己赢得了更多选民的信赖和支持，并最终获得了大选的胜利。

自制不仅能使人充满自信，也能赢得别人的信任。人们总是相信那些能控制自己的男人，因为那样的男人更值得信任；人们也相信一个无法控制自己的男人既不能管理好自己的事务，也不能管理好别人的事务。只有通过对自己的约束，才能使自己度过艰难的岁月和困苦的境地而冲到最前面去。

但真正能做到自制的男人很少，因为他们总是很容易败在自己手里。他们总是很容易在思想上放松对自己的约束，所以要自制就必须从树立自律意识入手。

掌握思想，明白自己想要什么、不能要什么，这是认识问题。然后再弄清楚，怎样拒绝不能做的事，强制自己做该做的事，这是方法的问题。最后再掂量一下，自己做了会如何，不做又该如何，这是建立自制自律的前提。

设定好目标坚持下去，可以使自己杜绝外界的诱惑，可以使自己保持自制。在目标的指引下，就会有一股力量与勇气，使自己保持对成功的渴望与追求。

你应该把你计划要做的事，结合你的个人情况，作一个统筹安排。这可不是一件轻松的事，有的男人不但不明白自己要做哪些事，而且还不明白在什么时候、用多长时间来做某件事。如果把很多事和有限的时间充分地融合在一起，事情做好了，时间也没白白浪费，你就可选择时间来工作、休息。当我们能控制时间时，就能改变自己的一切。

在日常生活中，时时提醒自己要自律，有意识地培养自律精神。比如，针对你自身性格上的某一缺点或不良习惯，设定一个时间期限，集中纠正，效果会比较好。

一个想要成功的男人，千万不要纵容自己，给自己找借口。对自己严格一点儿，时间长了，自律便会成为一种习惯、一种生活方式，你的人格和智慧也因此会变得更完美。

有品位的男人要懂得经常反思

子曰："吾日三省吾身。"自我反思，简而言之就是自我反省、自我检查，能"自知己短"，从而弥补短处，纠正过失。

力求上进的男人都是重视自我反思的。因为他们知道，反思自己是认识自己、改正错误、提高自己的有效途径，自我反思使人格不断趋于完善，让人走向成熟。

孔子的学生曾参说，他每天从三方面反复检查自己：替人办事有未曾尽心竭力之处吗？与朋友交往有未能诚实相待之时吗？对老师传授的学业有尚未认真温习的部分吗？他就是这样天天自省，让自己的长处继续发扬，不足之处及时改正，最终成为学识渊博、品德高尚的贤人。

自我反思是一种使道德不断完善的重要方法，是治愈错误的良药，它能给我们混沌的心灵带来一缕光芒。在我们迷路时，在我们掉进了罪恶的陷阱时，在我们的灵魂遭到扭曲时，在我们自以为是、沾沾自喜时，自省就像一道清泉，将思想里的浅薄、浮躁、消沉、阴险、自满、狂傲等污垢荡涤干净，重现清新、昂扬、雄浑和高雅的旋律，让生命重放异彩，生气勃勃。

自我反思的主要目的是找出过失及时纠正，所以反思绝不可以陶醉于曾获得过的成绩，更不可以文过饰非。"静坐常思己过"，以安静的心境自查自省，才能克服意气用事的干扰，发现自己的本来面目，捕捉到平时自以为是的过失。

只有善于发现并且勇于承认自己的过失，才能进一步纠正过失。我们常常看不到自己的短处，很多缺点都是通过旁人的指正才知道的，这就要求我们用一颗平常心来对待别人善意的规劝和指责，反省自己的过失。俗话说"忠言逆耳利于行"。那些逆耳忠言，常常能发掘我们不易察觉的另一面。

第四辑 精品男人对生活的自律

阿光是位应届大学生,他学的是英文,自认为无论听、说、读、写,对他来说都是雕虫小技。

他对自己的英文能力相当自信,因此寄了很多英文履历到一些外资公司去应征,他认为英文人才是就业市场中的绩优股,肯定人人抢着要。

然而,一个星期接着一个星期过去了,阿光投递出去的应征信函却杳无音信,犹如石沉大海一般。阿光的心情开始忐忑不安,此时,他却收到了其中一家公司的来信,信里刻薄地提道:"我们公司并不缺人,就算职位有缺,也不会雇用你。虽然你认为自己的英文程度不错,但是从你写的履历来看,你的英文写作能力很差,大概只有高中生的程度,连一些常用的文法也错误百出。"

阿光看了这封信后,气得火冒三丈,好歹自己也是个大学毕业生,怎么可以任人将自己批评得一文不值。阿光越想越气,于是提起笔来,打算写一封回信,把对方痛骂一番,以消除自己的怨气。

然而,当阿光下笔之际,却忽然想到,别人不可能会无缘无故写信批评他,也许自己真的太自以为是了,犯了一些自己没有察觉的错误。

因此,阿光的怒气渐渐平息。自我反省了一番,并且写了一张感谢卡给这家公司,谢谢他们举出了自己的不足之处,用字遣词诚恳真挚,自己的感激之情表露无遗。

几天后,阿光再次收到这家公司寄来的信函,他被这家公司录取了!

自我反思是一次自我解剖的痛苦过程,它就像一个人拿起刀亲手割掉自己身上的毒瘤,这需要巨大的勇气。认识到自己的错误或许不难,但要用一颗坦诚的心灵去面对它,却不是一件容易的事。懂得反思,是大智;敢于反思,则是大勇。割毒瘤可能会有难忍的疼痛,也会留下疤痕，但它却是根除病毒的唯一方法。只要"坦荡胸怀对日月"，心地光明磊落，反思的勇气就会倍增。古人云："君子之过也，如日月之食焉。过也，人皆见之；更也，人皆仰之。"这句话的意思是：日食过后，太阳更加灿烂辉煌；月食复明，月亮更加皎洁明媚。君子的过错就像日食和月食，人人都看得见，但是改过之后，会得到人们更崇高的景仰。

自我反思，不仅是了解自己做了什么，最重要的是通过它了解自己真正的意图；柏拉图说，反思是做人的责任，没有反思能力的人不配做人。人只有通过自我反思才能实现道德与美德。

男性朋友要趁早培养自我反思的习惯，它能修正自己做人、做事的方法，给自己指引明确的方向。

要做到事前不怕，事后不悔

有位智者说过，人生在世，中年以前不要怕，中年以后不要悔。在男人看来，这种说法是通用的。做一个敢作敢为的男子汉吧！

是的，男子汉面临各种艰难的挑战，"不害怕"是心灵的起点，是为自己设下的最坚韧的防线，不害怕碰壁、不害怕失败、不害怕孤独、不害怕被人误解。在现实生活中，也许会碰得头破血流，或拼得体无完肤，但我不害怕，我还要闯！如此坚毅的男人有什么理由会失败呢？

第四辑 精品男人对生活的自律

是的，世界上没有卖后悔药的，不论错得多深，都是我们自己的决定与行动导致的结果，我们可以悲痛欲绝，但是在情绪宣泄完毕之后，必须继续前行。跌倒了爬起来依旧是好汉，跌倒了再也爬不起来只能成为他人的笑料。"吃一堑，长一智。"有失败的教训为垫脚的阶梯，你会攀登得更高。男子汉就要这样敢做敢当，错了，对了，什么样的结果都要勇敢地承担！

男人必须培养魄力，敢做敢当就是有魄力。没有魄力很难有所成就，即使爬到了高层，也会被看做一个平庸的人，不会得到众人的拥护，这实在是悲惨的人生。在需要你把握全局、承担责任的时候，每一步该怎么走，还是你说了算。如果这时你没有承担的勇气，获得的将是众人的鄙夷与心底的嘲笑。若一辈子这样度过，实在是了无生趣！

有一位年轻人想到外面闯荡世界，去做一番轰轰烈烈的大事业。临走的时候，他去拜访村中有"哲人"之称的老者。当这个年轻人说明他的想法后，哲人告诉他：

"孩子，我衷心地支持并祝福你，我给你的忠告只有6个字，先告诉你3个，那就是'不害怕'，后三个字等你干出些名堂后再告诉你。"

年轻人带着哲人的忠告上路了。

10年后，年轻人成为著名的企业家，他又回来想听听哲人后3个字的忠告。但是，哲人已经去世了。

哲人的后人交给他一张纸条，纸条上写着："不后悔"。

男人一生也许要面临很多的抉择，当初的选择是对是错，在当时我们无法评判，也许到若干年后都难判断。有时候我们会为一个人或者一件事情而遗憾终身；有时候我们会为了某个目标而等待一生。其实大可不必，勇敢地走出去、勇敢地做事情、勇敢地想问题，关键是勇敢地做自己，这样就能做到人生无怨无悔。

所以，作为男子汉要勇于承担责任。无论结果如何，是你的就别推托，那么，你的朋友与亲人将为你感到骄傲。

努力赚钱也要把握好度

也许一个男人年少时会把钱看得很淡，但人到中年后，上有老，下有小，肩上的责任日复一日地加重，这时钱的重要性就会越来越明显，努力赚钱是无可厚非的，但要把握一个度，如果超出了个人的需要，那么钱就是一串数字、一堆废纸而已。

人的欲望是一种本能，不是罪恶。每个人都会有欲望，只不过每个人的欲望都不一样，有些人希望"五子登科"，有些人希望拥有美眷豪宅，有些人希望名与权皆备。过多的欲望，会使有血有肉的人变成机器。少欲的人，才能得闲，无事当看韵书，有酒当邀韵友。这才叫做"无欲则刚"。

钱可以买到"婚姻"，但买不到"爱情"；钱可以买到"药物"，但买不到"健康"；钱可以买到"美食"，但买不到"食欲"；钱可以买到"床位"，但买不到"睡眠"；钱可以买到"珠宝"，但买不到"美丽"；钱可以买到"娱乐"，但买不到"愉快"；钱可以买到"书籍"，但买不到"智慧"；钱可以买到"谄媚"，但买不到"尊敬"；钱可以买到"伙伴"，但买不到"朋友"；钱可以买到"权势"，但买不到"威望"；钱可以买到"服从"，但买不到"忠诚"；钱可以买到"躯壳"，但买不到"灵魂"；钱可以买到"帮凶"，但买不到"知己"；钱可以买到"劳力"，但买不到"奉献"；钱可以买到"财富"，但买不到"幸福"……

钱是生活之必需，又是万恶之根源，就看你如何驾驭！

人一生要拥有多少钱才够用？也许你没有算过，但可以告诉你，只要不是太奢侈，大多数人所赚的，往往多过于自己的需求。

奢侈，可以说是现代人的最大迷障。

哲学家说，钱有四种意义：钱是钱，钱是纸，钱是数字，钱是冥纸。但一般人都多赋予了它另一个意义，钱是万能的。

钱能取出来用，算钱。

赚了钱，换成数量庞大的房子、车子、土地，守着不能用，叫纸。

把钱全存进银行，以数字的变化为荣，钱是数字。

钱赚得太多了，身体撑不住了，钱会是冥纸。

钱非万能，但没钱万万不能，所以该学会，当用则用，当省要省。

如果你检查一下屋里的后阳台，就会明白自己的奢侈指数，满满一箩筐未曾用过的东西，用了一次便准备扔掉的器皿，旧衣回收的全是新衣，还有亲友送来的礼品，这些全是物欲横流的体现。

一顿便餐花了数百元，一件衣裳花了上千元，一双鞋八九百……这样的数字令人惊心。

我们忘了人生是矛盾体，想奢侈就必须多赚钱，努力工作就会没时间，太过操劳，身体一定不健康。

生活果真两难呀，如何两全其美可是学问。

对财富的追求要有一定限度，一个人即使有千处房产，也只能睡在一张床上。所以说，男人们，不要让钱迷住你的心，金钱够用就好，把精力全部投注于追求财富上只会伤身，别无益处。

非分之"福"会成为重负

社会上很多男人都以能坐享非分之"福"而得意扬扬，"家里红旗不倒，外面彩旗飘飘"，"家里有个爱人，外面有个情人"，这才是上等男人的生活。事实上，这种"上等男人"的日子并不好过，既担心"前院"爆炸，又害怕"后院"失火。同时，又得背负对情人的责任和对妻子的愧疚，日子过得提心吊胆，一旦事情闹大，东窗事发，不是家庭破裂，就是名誉扫地。

刘某在一家会计师事务所任职，衣着贵气、风度翩翩。别人看他时，眼里总是透着羡慕。事业上一帆风顺，家中还有一位如花美眷，人生至此，夫复何求？其实，别看刘某表面风光，他也有一肚子的苦水，妻子比刘某小 5 岁，年轻漂亮，大学毕业后就嫁给了他，现在家中做全职太太。妻子没什么不好，但总是把生活重心放在他身上，这让刘某有种被动压抑的感觉。但最近刘某又添了一个烦恼，那就是他的情人佳佳。佳佳是事务所的一名实习生，活泼美丽，尽管知道刘某已经有了妻子、孩子，还是不顾一切地甘心当他的情人。最初的一段日子，刘某过得很甜蜜，但慢慢地麻烦就来了：妻子责怪刘某不回家，佳佳抱怨刘某不陪她；今天妻子要刘某陪她逛街，明天佳佳又要求去吃烛光晚餐……刘某经常是左右为难，里外不是人。渐渐地，刘某觉得自己过得太累了，对着妻子做贼心虚，既觉得有愧，又害怕被拆穿；和佳佳在一起时，总得小心翼翼地讨好她，没有片刻轻松，何苦呢？刘某真不知道该怎么办了。

男人刚开始婚外恋时，会觉得一切都显得新鲜刺激，会感到整个人都年轻了十岁似的，好像又重温了过去恋爱的种种，期待电话的心情，怦然心跳的感觉，或是兴奋地想要引吭高歌，或是一股暖流涌过心头。整个人好像活在梦幻中，轻飘飘的。

但很快他就会发现自己如今除了要向妻子尽义务外，也要向情人尽义务。他必须同时满足两个人对他的欲望，因此，他在两个人之间疲于奔命，没有一点儿属于自己的时间。刚开始原以为自己找到了一处没有责任、可以自由休憩的"世外桃源"，没想到如今这块乐土也变成有义务、要负责任的负担。

因此，当初是抱着要找一处可以不必负责任的爱情，作为暂时栖身之所的动机的男士，到了这个时候开始打退堂鼓了。

刘某决定和佳佳分手，但事情远没有他想象的那么简单——佳佳坚决不肯分手，反而要求刘某和妻子离婚。这可把刘某吓坏了，他怎么能抛妻弃子呢？佳佳干脆地告诉他，如果他再提分手，自己就去找他的妻子，把事情捅破。这回刘某可明白什么叫做作茧自缚了，可是这时后悔已经太晚了。3个月后，妻子发现了这件事，她愤怒地跑到事务所大闹了一场。"狐狸精"佳佳被解雇，刘某在公司颜面扫地，也只得辞职了。佳佳在跟他要了一笔钱后去了上海，而妻子虽然为了孩子并未与他离婚，但始终对他冷冰冰的，甜蜜的气氛很难再找回来了。

男人家庭观念很强，却偏又忍不住外界的诱惑，吃着碗里的，看着锅里的，总幻想着"贤妻美妾"的生活。这种想法其实很可笑，前两年那部反映中年人情感的电影《一声叹息》中的那位可怜的丈夫，就是一些男人的真实写照。

还有一种情况也是导致婚姻破裂的主要原因。实际上，对许多男人来说，他们发生外遇，只不过是因为一时心血来潮，这跟他们对妻子的感情毫无关系。路边的一朵"野花"正迎风摇曳，他们顺手就"采"了下来，如此而已。他们从没想过要把"野花"栽入盆中，细心培植，因此当事情败露、妻子决绝地远去时，男人既痛且悔，为了一时的快活而赔上一个幸福的家庭，实在是得不偿失。

陈某的婚姻一直平稳幸福，妻子知书达礼，温柔体贴，婚后夫妻俩恩爱有加。但后来，陈某却和一个二十几岁的年轻姑娘有了一段婚外恋。陈某并非"花心"，只不过中年时忽感年华逝去，来日无多，于是不自觉地放任了一下……事情暴露后，他百般努力，坚决不想离婚，但他的妻子却坚决不能容忍。这令陈某后悔不迭，他万万没有想到，几夜风流竟然惹下如此大祸，活生生地拆散了他好端端的家。

离婚之后，陈某没有再婚，独身了很多年。他生活也没有规律了，暴饮暴食，以至于几年后，他再次遇到前妻时，告诉她：他的身体已经很不好了，动脉也早硬化了……

第四辑 精品男人对生活的自律

在这个例子中，丈夫其实还是很爱妻子的，至少他不想失去家庭，婚外情对他而言只不过是为了证明自己魅力依旧的一时心血来潮。特别是那些工作勤奋的男人，总觉得自己错过了人生中最好的年华。仿佛从来没有享受过生命的乐趣，而他们真正热爱的正是这些——及时行乐。于是，看到年轻的女孩子，他们就会想重新来过，求得一段露水姻缘，弥补一下自己的缺憾。

赵明，私营企业老板，已离异一年。赵明原来在一个机关单位上班，后来在妻子的支持下辞职下海，自己当起了老板。在开始的几年，赵明还很能把持得住自己，尽量减少应酬，有空就陪老婆孩子，可是后来赵明结识了一个30多岁的单身女人，那女人既精明又独立，是个不婚主义者，和妻子是完全不同的两个类型。一次，两人一同去杭州开会，也许是因为旅途寂寞，两人发生了不该发生的事。赵明并未在那个女人身上投注什么感情，他觉得这只不过是男欢女爱各取所需而已。世上没有不透风的墙，敏感的妻子很快就发现了他的不忠。那天他一回家，妻子就把一沓照片摔在他的脸上，冷冷地问了句："家花没有野花香是吗？别着急呀！我现在就给你的'野花'让位！"赵明整个人都呆了，他没有想到妻子竟然会发现这件事，更没想到妻子要为此而离婚，他赌咒发誓、百般哀求，但倔强的妻子还是带着孩子离开了他。

这一年来，赵明过得很不好受。他虽然住着宽敞的楼房，但却冰冷得像旅馆；他身边有很多女人，但却没人会像前妻那样叮嘱他"开车小心"；没有人会像前妻那样做好可口的家常菜，等着他一同分享。真是一失足成千古恨啊！

生活中，很多男人也和赵明一样，他们的外遇没有任何目的，只不过是因为一时放纵，虽然心里也觉得对妻子有所歉疚，但却不会自责过深。从某种角度讲，这种男人其实是很天真的，他们认为自己对妻子是爱，对情人是性，因此并没有真正对不起妻子，问题不会太严重。而在女人看来身体的不忠就是背叛，没有任何可以原谅的余地。男人的说法只是一种借口。

所以，如果你不想和妻子离婚的话，就最好别去碰婚外情，这是一颗定时炸弹，说不定什么时候就会"炸"得你妻离子散。

很多男人结婚后开始有婚外情，可又不想因此失去好丈夫、好父亲的名誉。但实际上，一旦他们迈出这一步，未来的局势就不是他们能控制得了的。即使侥幸能回到妻子的身边，也得永远背负辜负家庭的罪名。为了一段偷偷摸摸的欢愉，闹成这样实在不值！

第五辑
CHAPTER 5

精品男人始终笑对人生磨难

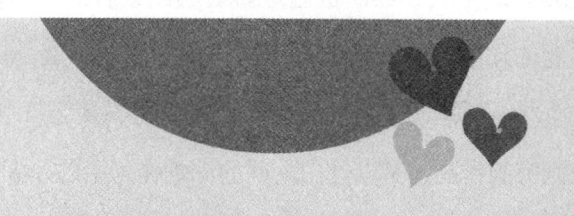

男人咀嚼生活，感悟人生，在尝遍艰难困苦、历尽沧桑之后，才有一种品位。精品男人之所以被称为"精品"，是因为他们带有一种坚不可摧的勇气，在面对得失时能付之一笑，在惨遭打击时也能坚强挺立。

面对人生的风雨应保持一颗平常心

有一间画廊的主人,请两位当地著名的画家各画一幅以"风雨中的宁静"为主题的作品,并为他们选定同一天在画廊中展示、拍卖。

展示的当天,两位画家各自带着自己的作品,满怀自信地来到画廊。

第一位画家的作品,是以远山之间的湖泊作为主题,湖面如镜,整幅画呈现出风平浪静的景致。在介绍画中意境的时候,他颇为得意地说:"你们看!多么宁静的湖泊啊!湖面连个涟漪都没有,蝴蝶也停在湖边上静止不动,没有风也没有雨,完全远离尘嚣,呈现出来的正是安宁与平静。"

另外一位画家的作品则大异其趣,是以奔腾的瀑布为主题,瀑布飞流直下,水花四溅。瀑布旁生长着一株小灌木,树枝弯曲得都快垂到水面了,然而就在这棵树上,画家加了一个小鸟巢。鸟巢虽然都浸得湿透了,看起来非常危险,但再仔细一看,却可以发现鸟巢中,竟然还有几只刚出生的小知更鸟。

这时,第一个画家揶揄地说:"这幅画动态十足,我几乎可以听到瀑布急流的声音!"

第二个画家听了之后，不慌不忙地笑着说："您再仔细地看一看吧！有没有发现鸟巢中的小知更鸟啊？它们可是正在安详地睡觉，一点儿也不受外在环境的干扰啊！"

最后，观众得出的结论是，第一位画家的作品只能称为静止，后者才是真正的宁静。

人生的境界是有差别的，无论是静止还是宁静，归根结底是心境的问题。王维有一首诗："月出惊山鸟，时鸣春涧中。"自古以来，人们认为静的极致就隐藏在动中。做人也是这样，眼前浮云涌动，胸中要有一颗平常心，要以静的心态俯视周围变幻万千的世事。

以一颗平常心对待所遇世界，自然会少了许多烦恼。平和的心态对于有志成就大事的人是必不可少的。平常人的平淡，虽不是人生旋律中的华彩乐章，却是生活中不可缺少的底色。在现实生活中，平淡总是多于辉煌。谁能善待平淡，谁就能把握住生活的真谛。当机会来临时，才能"于无声处听惊雷"。

追求成功是人生的一大乐趣，但失败了也要随遇而安。"不以物喜，不以己悲"，才是更高的境界。记得林语堂先生有文："一个强烈的决心，以摄取人生至善至美；一股股热的欲望，以享乐一身之所有，但倘令命该无福可享，则亦不怨天尤人。"这是对平常心精辟的解释。

平常心是对生命透彻的领悟，一切烦恼困顿均可付诸流水，领悟到生命的真谛，就会以一颗宁静的心善待一切，平常心是一种低调的境界，一切从生命出发，一面对生命尽心呵护，一面对人宽容平和，随方就圆。平常心使人具有大海一样的气度，任凭狂风暴雨，惊涛骇浪，依然平静，以如此胸怀去实践人生，就会无所畏惧。

输得起，才能赢得彻底

人生亦忌恋战。有些事，如果大局已无望了，就要赶快放弃，另谋出路，不可空耗自己，不可空耗一生。有的人碍于面子，即使注定失败也不愿意认输。

抛弃虚荣心，哪怕降到低一档的地位上，只要能发挥自己的特长，就能干出更大的成就，实现自己的人生价值。

不干可干可不干的事，不做可有可无的人，这是人的基本品格。所以，人要懂得在什么样的情况下学会认输。

学会认输，就是在陷进泥塘里的时候，知道及时爬起来，远远地离开那个泥塘；学会认输，就是学会承认失败，学会选择与放弃。

用美国投资家贺希哈的话说："不要问我能赢多少，而是问我能输得起多少。"只有输得起的人，才能赢得最后的胜利。

贺希哈17岁时，开始开创自己的事业。他第一次赚大钱的时候，也是他第一次得到教训的时候。那时候，他一共只有255美元，在股票的场外市场做一名掮客。

不到一年，他就发了第一笔财，赚取了16.8万美元。他为自己买了第一套像样的衣服，在长岛买了一幢房子。但是，第一次世界大战的休战期来到了，贺希哈聪明得过了头，他以随着和平而来的大减价的价格，坚持买下了隆雷卡瓦那钢铁公司，结果却受到了欺骗，只剩下了4000美元。这一次，他学到了深刻的教训："除非你了解内情，否则，绝对不要买大减价的东西。"

但是他并没有被失败打倒，后来，贺希哈放弃证券的场外交易，去做未列入证券交易所买卖的股票生意。开始时他和别人合资经营，一年以后，他开设了自己的贺希哈证券公司。到后来，贺希哈做了股票掮客的经纪人，每个月可以赚到20万美元的利润。

1936年是贺希哈最冒险，也是最赚钱的一年。早在人们淘金发财的那个年代，有一家普莱史顿金矿开采公司。这家公司在一次火灾中焚毁了全部设备，造成了资金短缺，股票跌到不值5美分。有一个叫道格拉斯·雷德的地质学家，知道贺希哈是个思维敏捷的人，就把这件事告诉了他。贺希哈听了以后，拿出2.5万美元做试采计划。不到几个月，黄金就挖到了——仅离原来的矿坑8米。这座金矿每年给贺希哈带来250万美元的净利润。

贺希哈懂得认输，输得起，所以才赢得彻底。有的人认为认输很难做到，其实，认输之所以难做到，是因为它看起来就是承认失败。在我们所受的教育里，强者是不认输的。所以我们常被一些煽情词语所激励，以不屈不挠、坚定不移的精神和意志坚持到底，永不言悔。

是的，人需要百折不挠的意志和勇气。但是，奋斗的内涵不仅仅是英雄不言败、不屈不挠和坚定不移，还包括修正目标、调整方位。

人生道路上，我们常常被煽情的语汇弄昏了头，以不屈不挠、百折不挠的精神坚持死不认输，从而输掉了自己！故此，人活着有时需要学会认输。认输就是适时地放弃，放弃了才能重新再来，才有机会获得成功。

真正的男人不会选择"唯命是从"

在国外，有一个城市公开招聘市长助理，要求必须是男性。

经过了多番文化和综合素质的角逐，有一部分人获得了参加最后一项特殊考试的机会，这也是最关键的一项。那天，他们云集在市政府大院里，轮流去应考。这最后一关的考官就是市长本人。

第一个男人进来，市长带他来到一个特殊的房间，房间的地板上撒满了碎玻璃，尖锐锋利，望之令人心惊胆寒。市长威严地说："脱下你的鞋子！将里面桌子上的一份登记表取出来，填好后交给我。"男人毫不犹豫地将鞋子脱掉，踩着尖锐的碎玻璃取出登记表，填好后交给了市长。他强忍着钻心的痛，依然镇定自若，表情泰然，静静地望着市长。市长指着一个大厅淡淡地说："你可以去那里等候了。"男人非常激动。

市长带着第二个男人来到另一间特殊的屋子，屋子的门紧紧地关闭着。市长冷冷地说："里边有一张桌子，桌子上有张登记表，你进去将表取出来填好交给我。"男人推门，门是锁着的。"用脑袋把门撞开！"市长命令道。男人不由分说，低头便撞，一下、两下、三下……头破血流，门终于开了。他取出表认真地填好后交给市长，市长说："你可以去大厅等候了。"男人非常高兴。

就这样，一个接一个，那些身强体壮的男人都用自己的意志和勇气证明了自己。市长表情有些沉重，他带最后一个男人来到一个房间。市长指着站在房间里的一个瘦弱的老人对那男人说："他手里有一张登记表，去把它拿过来填好交给我。不过他不会轻易给你的，你必须用你的铁拳将他打倒……"

男人问市长："为什么？"

"不为什么，这是命令！"

"你简直不可理喻，我凭什么打人家？何况他是个瘦弱的老人！"

男人气愤地转身就走，却被市长叫住了。市长将这些应考的人都召集在一起，告诉他们只有最后一个男人考中了。

那些落选者捂着伤口审视着被宣布考中的人，发现那人身上一点儿伤也没有时，都惊愕地张大了嘴巴，他们非常不服气。

市长说："你们都不是真正的男人。"

"为什么？"他们异口同声地问。

市长语重心长地说："真正的男人是懂得反抗、敢于为正义和真理献身的人，他不会选择唯命是从，作出没有道理的牺牲。"

做一个真正的男人难吗？不难。只要你懂得选择人生的尊严与操守、自尊、自信、正直，放弃那些迎合别人的无谓牺牲，那么，就会拥有别人对你最真诚的敬意。

遇到失败不认输，面对困境不低头

人生的历程犹如海上行舟，有风平浪静，也有狂风暴雨，没有谁可以从始至终都一帆风顺。而作为一个男人，在面对失败和身陷困境的时候，很容易看出他的品位来。一蹶不振的人肯定不会有什么品位；一笑而过、屹立不倒的才是真正有品位的人。

失败和困境，只是你平静生活之河泛起的一圈圈涟漪，它们只是你通向成功之路的一个小小的驿站。应该如何去看待和应付这些人生的转折关头，就全看你自己了。你可以把它当作是一种"挑战"；或者，你也可以像大多数人一样，把它当成是时运不济、危机、灾难，作为自己承认失败的借口，而不想循着更可靠的道路再尝试一次。"人生就是不幸的连续。"这是失败者讲的话。

在失败面前，每个人都会郁郁寡欢、心情沉重，这是可以理解的。但是，你不能因此而沮丧、抱怨、裹足不前，因为前面的路还很长，你要学会如何应对不如意的事。

不要失去对自己人生的主导权。人的一生中会出现各种情况，也常常会被打倒，但正因为这样，人生才可以向更新、更有希望的方向转变。

实际上有许多年轻人，他们对现实感到心灰意冷。于是，他们退缩下来，说时运不济，自己只能听天由命，这实在是很遗憾的事。真正重要的，并不是我们人生中的偶发事件，而是我们怎样处理这些偶发事件。在没有一个良好的成功环境时，我们就要给自己创造环境。承认失败是件很容易的事，但我们必须打消这个念头。畏缩不前是懦夫的表现，我们要做生命的强者。

一个在失败面前永不气馁的人，在一个地方吃了闭门羹，会敲另外一扇门，一次又一次地不断敲门，一直到被接受为止。凡是能这样百折不挠的人，即使是最终不能取得辉煌的成功，也能获得许多小的成就。

"一分耕耘，一分收获"，就是这个道理。

只要乐观冷静地应对人生的"迂回曲折"，成功几乎都在伸手可及的范围内。当你清晨醒来时，反复地对自己说："我能赢！我能赢！"不知不觉中，你就会对自己充满信心了，并且觉得是胜券在握了。

那些成功的人，又是如何战胜挫折的呢？他们靠毅力、忍耐力去承受失败的创伤，又用勇气和信心为自己打开了另一扇门。这一点，对所有的挫折都适用。只要把"失败"的阴影驱散，你的心就会豁然开朗。

那么，怎样调整好自己的心态就显得相当重要。困境来临时，我们会不可避免地遭受到打击和压力，这时，幽默就是一剂良药，它可以让人摆脱郁闷的心情，让人在欢声笑语中忘却烦恼，化忧愁为欢畅，让痛苦变为愉悦，将尴尬转化为从容自如，让沉痛的心情变得开朗、豁达、轻松。它具有维持心理平衡的功能。幽默甚至被心理学家和社会学家作为治疗疾病的良药。我们很多人也都有这样的体验，当听到好笑的事情捧腹大笑的时候，会使人的心情开朗很多。实际上，不少名人也使用这种办法来消除心理压力和摆脱尴尬的局面。

美国前总统里根，在一次白宫举行的钢琴演奏会上，夫人南希不小心连人带椅子一起跌落到台下，观众哗然。正在讲话的里根风趣地对夫人说："亲爱的，我告诉过你，只有在我的讲话没有获得掌声的时候，你才该有这样的表演。"全场掌声雷动。里根正是用幽默的方式为夫人摆脱了尴尬的局面。

古时候有一位高官，精神抑郁，胸中烦闷，请了很多医生都无法治愈。这天，他又请来一位名医为他看病。名医仔细地诊过脉后，郑重其事地告诉他，他得的是月经不调症。高官听后捧腹大笑，正要痛斥这位医生不识男女，忽然觉得胸中的郁闷之气荡然无存，周身上下轻松了许多。这才悟出原来这位医生只用了几个字就治好了自己的病，并登门向他真诚地致谢。

由此可见，幽默不但能消除精神紧张，还可以防治身心疾病。生活中具有幽默感的人比较容易克服困难，走出困境，遭到打击也不容易崩溃，从而更易获得成功。男人应该培养自己的幽默。

培养自己敏锐的洞察力，幽默是智慧的闪光点，它与庸俗、轻浮的笑话或油嘴滑舌是不能相提并论的，幽默的语言要言简意赅、诙谐含蓄，同时又入木三分，能够给人以启迪和韵味。

培养自己乐观自信的良好心态。只有对自己充满信心，才能在内心自由地塑造幽默。一个内心贫乏、对自己和生活失去自信的人是没有幽默可言的，幽默是建立在自信和自尊的基础上的。

幽默者具有敏锐多变的能力，可以有意识地培养自己机敏的素质。它可以使人善解人意，并能以惊人的自制力防止在对方的刺激下诱发不良的情绪，使双方的对抗情绪得以缓解，消除困境。

性格豁达的人不容易大动肝火，他们不会为一些鸡毛蒜皮的小事斤斤计较，对任何事都抱着乐观随和的态度，他们谈笑自如，幽默风趣。

事实上，幽默乐观的男人才最具男人味儿。透过他们的笑容，我们看到的是一个真正的男人。那些弱不禁风的懦夫，是难以有这种品位和气质的。

调整心态，就可以做命运的设计师

一个儿子对他的父亲抱怨说，他的生命是如何痛苦、无助，他是多么想要健康地活下去，但是他已失去方向，整个人惶惶然，只想放弃。他已厌烦了抗拒、挣扎，但是问题却一个接着一个，让他毫无招架之力。

父亲二话不说，拉起心爱的儿子走向厨房。他烧了三锅水，当水沸腾之后，他在第一个锅里放进萝卜，在第二个锅里放了一个蛋，在第三个锅里则倒入了咖啡。

儿子望着父亲，不明所以，而父亲只是温柔地握着他的手，示意他不要说话，静静地看着滚烫的水以炽热的温度烧滚着锅里的萝卜、蛋和咖啡。一段时间过后，父亲把锅里的萝卜、蛋捞起来分别放进碗中，再把咖啡过滤后倒进杯子。他问："你看到了什么？"

儿子说："萝卜、蛋和咖啡。"

父亲把儿子拉近，要儿子摸摸经过沸水烧煮过的萝卜，萝卜已被煮得软烂；他要儿子拿起蛋，敲碎薄硬的蛋壳，细心地观察着这个水煮蛋；然后，他要儿子尝尝咖啡。儿子笑起来，喝着咖啡，闻到浓浓的香味。

儿子谦虚恭敬地问："爸，这是什么意思？"

父亲解释：这三样东西面对相同的环境，也就是滚烫的水，反应却各不相同。原本粗硬、坚实的萝卜，在滚水中却变软了；这个蛋原本非常脆弱，它那薄硬的外壳起初保护了它液体似的蛋黄和蛋清，但是经过滚水的沸腾之后，蛋壳内却变硬了；而粉末状的咖啡却非常特别，在滚烫的热水中，它竟然改变了水。

"你呢？我的儿子，你是什么？"父亲慈爱地问虽已长大成人却一时失去勇气的儿子，"当逆境来到你的面前时，你有何反应呢？你是看似坚强的萝卜，在痛苦与逆境到来时却变得软弱、失去了力量吗？或者你原本是一个蛋，有着柔顺易变的心？你是否原本有一颗有弹性、有潜力的心灵，但是在经历死亡、分离、困境之后，变得坚硬顽强？或者，你就像是咖啡？咖啡将那带来苦味的沸水改变了，当它的温度高达100摄氏度时，水变成了美味的咖啡，当水沸腾到最高点时，它就愈加味美。"

"如果你像咖啡，当逆境到来、一切不如意时，你就会变得更好，而且将外在的一切转变得更加令人欢喜，懂吗？我的宝贝儿子，你是让逆境摧毁你，还是你来转变自己，让身边的一切变得更美好？"

心态决定命运。积极的心态有助于你在逆境到来时勇敢地面对、积极地改变，使你在逆境的磨砺中变得更加出色、美好。消极的心态，则让你无法面对一个个人生挫折，挑不起生活的重担，只能自甘沉沦，被挫折击垮。

人生的挫折、逆境无法避免，唯一能做的就是改变我们的心态。

伟人也攀登过失败的阶梯

在生命的藏宝室里，成功是黄金，失败是白银，它们同样散发着美丽的光彩，它们同为生命中一道亮丽的风景线。在很多成功的背后，都有无数次的失败和教训，而这些失败和教训，正是供给成功的营养，这些失败的教训为成功指明了前进的方向，避免你再犯同一种错误。

请看下面一连串失败的例子，这些都是成功者背后的故事。

A. 超级球星迈克尔·乔丹曾被所在的中学篮球队除名。

B. 瓦尼·格林斯基17岁时是一名出色的运动员，他想通过从事足球或冰球而出人头地。他最初爱好冰球，但是当他努力训练时，他被告知体重不够。172磅是标准体重，而他只有120多磅，在冰场会被淘汰的。

C. 赛拉·霍兹沃斯10岁时双目失明，但她却成为世界上著名的登山运动员。1981年她登上了瑞纳雪峰。

D. 瑞弗·约翰逊，十项全能冠军。他有一只脚先天畸形。

E. 赛乌斯博士的处女作《想想我在桑树街看到的》，曾被27个出版商拒绝，但第28家出版社——文戈出版社，出版该书并售出了600万册。

F. 里查德·贝奇只上了一年大学就接受喷气式战斗机飞行员的培训。20个月后他羽翼初丰，却辞了职。后来他在一家航空杂志社任编辑。杂志社随即破产，失败接踵而至。当他写出《美国佬生活中的海鸥》一书时，他仍然觉得前途未卜。书稿搁置达8年之久，其间被18家出版社拒之门外。然而出版之后却被译成多国文字，销量达700万册。里查德·贝奇也因此成为享有世界声誉的、受人尊敬的作家。

G. 作家威廉姆斯·肯尼迪的多篇著述，均遭出版商冷遇，直至他的《铁人》一书一举成名。然而就是该书也曾被13家出版社拒之门外。

H.《心灵鸡汤》在海尔斯传播公司受理出版之前也曾遭33家出版社的拒绝。全纽约主要的出版商都说："书确实好得很，但没有人爱读这么短的小故事。"然而现在《心灵鸡汤》系列在世界范围内售出了

1700万册，并被译成20多种文字。

　　I. 1935年，《纽约先驱论坛报》发表的一篇书评，把乔治·格斯文的经典之作《鲍盖与贝思》评论为"地道的激情垃圾"。

　　J. 1902年，《亚特兰蒂克月刊》诗歌版编辑退还了一位28岁诗人的作品，退稿信上写道："我们的杂志容不下你如此热情洋溢的诗篇。"那个28岁的诗人叫罗伯特·普罗斯特。

　　K. 1889年，罗迪亚德·开普林收到了圣弗朗西斯科考试中心的如下拒绝信："很遗憾，开普林先生，你确实不懂得如何使用英语这种语言。"

　　L. 当艾利斯·赫利还是一个尚未成名的文学青年时，在4年中他每周都能收到一封退稿信，当时艾利斯几乎停止写作《根》这部著作，并自暴自弃，但最终他成功了。

　　M. 约翰·班扬因其宗教观点而被关入贝德福监狱。在那里他写出《天路历程》；雷利爵士在身陷囹圄的13年中写出了《世界历史》；马丁·路德·金被羁押在瓦尔特堡时译出了《圣经》。

　　N. 温斯顿·丘吉尔被牛津和剑桥大学以其文科太差而拒之门外。

　　O. 美国著名画家詹姆斯·惠斯勒曾因化学不及格而被军校开除。

　　P. 1905年，艾尔伯特·爱因斯坦的博士论文在波恩大学未获通过。原因是论文离题而且充满奇思怪想。爱因斯坦感到沮丧，但这未能使他一蹶不振。

　　从上述案例来看，成功的秘诀之一就是不让暂时的挫折击垮我们。面对暂时的失败，要有一个正确的认识。你必须清醒地知道，这只是一个小小的插曲，并不是结局。失败对于你的进步是一本很好的教材。

　　对失败时显露出的坏习惯，应予以纠正，以好习惯重新开始。

失败使你祛除傲慢自大，并以谦恭取而代之，而谦恭可使你得到更和谐的人际关系。

失败使你重新审视你在身心各方面的资产和能力。

失败使你接受更大的挑战，增加你的意志力。

健身的人都知道，只是将杠铃举起来是没有用的。练习者必须在举起杠铃之后，用比举起时慢两倍的速度，将杠铃放回以前的位置才能起到健身的作用，这种训练称为"阻抗训练"，它所需要的力量和控制力，比举起杠铃时还要大。

失败就是你的阻抗训练。当你再度回到原点时，不妨主动将注意力集中到拉回原点的过程中。利用此种方法，可使自己在再次出发后，能有长足的进步。

日本著名科学家细川英夫曾经说过："只有认真总结考试失败经验的人，才能成为有学识的人。"每一次考试之后，都能根据自己的不足找出正确方法的人，不仅不会再犯同样的错误，而且还能把失败当做前进的阶梯而不断向上攀登。

只有在逆境中保持韧性，才能重整旗鼓

你知道拿破仑在滑铁卢一役中是被谁打败的吗？

答案是英国的惠灵顿将军。这位打败英雄的英雄并不只是幸运而已,他也曾尝过打败仗的滋味,并且多次被拿破仑的军队打得落花流水。

最落魄的一次,惠灵顿将军几乎全军覆没,只好落荒而逃,迫不得已藏身在破旧的柴房里。

在饥寒交迫中,他想起自己的军队被拿破仑打得伤亡惨重,这样还有什么脸面去见家乡父老呢?万念俱灰之下,他只想一死了之。

正当他心灰意冷的时候,突然看见墙角有一只正在结网的蜘蛛。一阵风吹来,网立刻被吹破了,但是蜘蛛并没有就此罢休,它再接再厉,努力吐丝,立刻开始重新结网。好不容易又快要结成时,一阵大风吹来,网又散开了,蜘蛛毫不气馁,转移阵地又开始编织它的网。像是要和风比赛一样,蜘蛛始终没有放弃,风越大,它就织得越勤奋,等到它第8次把网织好以后,风终于完全停止了。

惠灵顿将军看到了这一幕,不禁有感而发:连小小的一只蜘蛛都有勇气对抗大自然这个强大的劲敌,自己一个堂堂的将军更应该要奋战到底,怎能因为一时的失败而丧失斗志呢?

于是,惠灵顿将军接受失败的事实,并且重整旗鼓,苦心奋斗了7年之久,最后在滑铁卢之役一举打败拿破仑,一雪当年的耻辱。

惠灵顿将军赢在坚韧不拔的品格上。如果说世界上有一种药能够救人于失败落魄的境地,那么这剂药的名字就叫"坚韧"。坚韧能成就人生、成就理想、成就希望。

有这样一个故事,商容是古代一位很有学问的人,是老子的老师。在商容生命垂危的时候,老子来到他的床前问道:"老师还有什么要教诲弟子的吗?"商容张开嘴让老子看,然后说:"你看到我的舌头还在吗?"老子大惑不解地说:"当然还在。"商容又问:"那么,我的牙齿还在吗?"老子说:"全部都落光了。"商容目不转睛地注视着老子说:"你明白这是什么道理吗?"老子沉思了一会儿说:"我想这是过刚的易衰,而柔和的长存吧?"商容点头笑了笑,对他这个杰出的学生说:"天下的许多道理都在其中了。"

生命的质量不在于它的硬度而在于它的韧性,鲁迅先生生前最推崇的就是坚韧的精神。"韧"字的含义是,百折不挠,勇往直前。人如果没有一股子韧劲儿,干什么都不会成功。

坚韧是通向成功的桥梁,它让人们在困难中得到了成功。人的一生如果过于顺利,就如温室里的花朵,虽然也能艳丽绽放,但却缺乏一种活力,一种源于大自然、经历风吹雨打后展现出的生命力。世间万物唯有经过大自然狂风暴雨的洗礼和锤炼方能显示出旺盛的生命力,人生也是如此。人处于逆境之中,如能坚强地忍受一切不如意,甚至遭到磨难后仍屹立不倒,便是强者。

富兰克林说:"有耐心的人,无往而不利。"耐心就是一种坚韧,需要特别的勇气,需要不屈不挠、坚持到底的精神。这里所谓的耐心是动态而非静态的,是主动而不是被动的,是一种主导命运的积极力量。这种力量就是坚韧,以一种几乎是不可思议的执着投入既定的目标中,才具有人生价值。

生活就像一场现场直播的演出。如果你没有选择的余地,你就会无数次地被命运之神推拒在主场之外,激情没有了,曾经的笑脸没有了……在生活的惯性思维之中,你开始变得沉默和妥协,慢慢地,你被磨平了棱角,淹没于人海了。保持一种特别的坚韧,只有这种坚韧才能让生活更美好，更有意义。米兰·昆德拉说过："生活，是持续不断的沉重努力，为的是不在自己眼中失落自己。"作为男人，只有坚韧地承受着各种失意和寂寞，才能不迷失自己，笑到最后，笑得最好。

任何困境和不幸都可以被微笑征服

微笑的后面蕴含的是坚实的、无可比拟的力量，一种对生活巨大的热忱和信心，一种高格调的真诚与豁达，一种直面人生的智慧与勇气。而且，境由心生，境随心转，我们内心的思想可以改变外在的容貌，同样也可以改变周围的环境。

百货店里，有个穷苦的妇人，带着一个四五岁的男孩在转悠。走到一架快照照相机旁，孩子拉着妈妈的手说："妈妈，让我照一张相吧。"妈妈弯下腰，把孩子额前头发拢在一旁，很慈祥地说："不要照了，你的衣服太旧了。"孩子沉默了片刻，抬起头来说："可是妈妈，我仍会面带微笑的。"

每当讲起这则故事，听过的人都会被那个小男孩所感动。

从某种意义上说，人不是活在物质里，而是活在自己的精神世界里，如果精神垮了，就没有人救得了你。

约翰·内森堡是一名犹太籍的心理学博士。在第二次世界大战期间，由于纳粹的疏忽，使他幸免于难，然而他却没能摆脱纳粹集中营里惨无人道的生活折磨。他曾经绝望过，这里只有屠杀和血腥，没有人性、没有尊严。那些持枪的人像野兽一样疯狂地屠戮着集中营里不幸的人，无论是怀孕的母亲，刚刚会跑的儿童，还是年迈的老人。

他时刻生活在恐惧中，这种对死的恐惧让他感到一种巨大的精神压力。在集中营里，每天都有因此而发疯的人。内森堡知道，如果自己不控制好自己的精神，他也难以逃脱精神失常的厄运。

有一次，内森堡随着长长的队伍到集中营的工地上去劳动。一路上，他产生一种幻觉，晚上能不能活着回来？是否能吃上晚餐？他的鞋带断了，能不能找到一根新的？这些幻觉让他感到厌倦和不安。于是，他强迫自己不去想那些倒霉的事，而是刻意幻想自己是在前去演讲的路上。他幻想着自己来到了一间宽敞明亮的教室里，正在精神饱满地发表演讲。

他的脸上慢慢浮现出了笑容。内森堡知道，这是久违的笑容。当他知道自己也会笑的时候，他也就知道了自己不会死在集中营里，他会活着走出去。当从集中营中被释放出来时，内森堡显得精神很好。他的朋友不相信在魔窟里，一个人仍能保持年轻。

这就是心境的力量。有时候，一个人的精神可以击败许多厄运。因为对于人的生命而言，要存活，只要一箪食、一瓢水足矣。但要存活下来，并且要活得精彩，就需要有宽广的心胸、百折不挠的意志和化解痛苦的智慧。

微笑是一种心灵魔力的外在表现，这种魔力不仅能够给日渐枯萎的生命注入新的活力，也会使你的人生绽放出幸福的花朵。

有一位旧书摊主是位五十开外的中年男人，头发已有点儿白了，虽然他看上去满脸疲倦，但他脸上却始终挂着温暖而平和的微笑。他的生意也不是很好，但他脸上的微笑从没因此而收敛片刻，依然笑对每一位从他书摊前经过的人，犹如一道令人心动的风景。

他原来在这座城市里一家有名的企业上班，不巧的是他下岗了，更不幸的是妻子又遭车祸，至今仍躺在床上，原本小康的生活跌入贫困的深渊。再加上一个读高三的女儿，正是花钱的时候。没办法，只好出来弄点儿旧书卖，成本不高，周期短，能赚多少算多少，只求能把这个家支撑下去。当他讲述那些常人也许无法承受的不幸时，脸上仍带着淡淡的笑容。

他家很狭小。他说家里本来有套宽敞的住房，但为了妻子的医药费卖给了别人。但每位来访者都被他妻子的一张笑脸感动。她坐在沙发上，从她身上仍可看出受伤的痕迹。他妻子的微笑温暖而平和。从这张笑脸上根本找不到那种重伤在身、贫困交加的人所表现出来的厌世、焦躁、淡漠与敌视的神情。那张脸虽清瘦苍白，但洋溢出的微笑却如花朵一般灿烂、绚丽，使整个房间弥漫着一种怡人的温馨。他们好像完全不顾忌外人，他坐在妻子身旁，微笑着问她好点儿没有，他妻子也微笑着抚摸着他的脸，问他累不累，那情景让人羡慕而感动。此时，她的女儿放学回来了，她身上散发着一种青春活力，脸上的微笑一如她的父母。在那份温暖和美丽的微笑中人们读出了自强与希望。

于是，人们明白他们一家人为什么在接踵而至的不幸中，仍能示人以如花般的微笑，更深深地感受到那种蕴涵在微笑后面坚实的、无可比拟的力量——那是一种对生活巨大的热忱和信心、一种高格调的真诚与豁达、一种直面人生的成熟与智慧。这才是支撑起一个幸福家庭的基石。只要具备了这种淡然如云、微笑如花的人生态度，任何困境和不幸都能被当作通向平安幸福的阶梯。

第六辑

CHAPTER 6

精品男人低调生活，高调做人

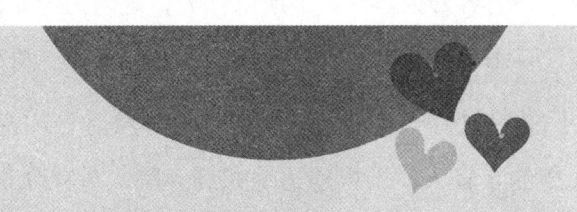

精品男人低调生活，高调做人。他不用刻意装扮自己，迎合别人，他习惯坦然面对自己，面对身边的人。他看似碌碌无为，却对自己、对人生有着崇高的目标和追求。

江海放低了自己，所以容纳了百川

海纳百川，有容乃大。江海之所以伟大，是因为身处低下，方能成为百川之王。一个男人，要想拥有江海的事业和辉煌，首先要拥有容得下百川的心胸和气量。

一个失望的年轻人，千里迢迢地来到寺院，对禅师说："我一心一意要学丹青，但至今仍没能找到一个令我满意的老师。"

禅师笑笑，问："你走南闯北十几年，真没能找到一个令自己满意的老师吗？"年轻人深深地叹了口气说："许多人都是徒有虚名啊，我见过他们的画，有的画技甚至还不如我呢！"禅师听了，淡淡一笑，说："我虽然不懂丹青，但也颇爱收集一些名家精品。既然施主的画技不比那些名家逊色，就烦请施主为老僧留下一幅墨宝吧。"说着，便吩咐一个小和尚拿了笔、墨、砚和一沓宣纸。

禅师接着说："我最大的嗜好，就是爱品茗饮茶，尤其喜爱那些造型流畅的古朴茶具。施主可否为我画一个茶杯和一个茶壶？"

年轻人听了，说："这还不容易？"于是调了浓墨，铺开宣纸，寥寥数笔，就画出一个倾斜的水壶和一个造型典雅的茶杯。那水壶的壶嘴正徐徐吐出一脉茶水来，注入茶杯中去。年轻人问禅师："这幅画您满意吗？"

禅师微微一笑，摇了摇头。他说道："你画得确实不错，只是把茶壶和茶杯放错位置了。应该是茶杯在上，茶壶在下呀。"

年轻人听了，笑道："大师为何如此糊涂？哪有茶壶往茶杯里注水，而茶杯在上，茶壶在下的？"

禅师听了又微微一笑说："原来你懂得这个道理啊！你渴望自己的杯子里能注入那些丹青高手的香茗，但你总把自己的杯子放得比那些茶壶还要高，香茗怎么能注入你的杯子里呢？正如江海涧谷只有把自己放低，才能吸纳融汇百川，形成汹涌之势啊。"

年轻人听罢，顿时有所领悟。

待人接物时，男人首先要学会把自己放低，才能容纳一切。"容人须学海，十分满尚纳百川。"

宽容待人，就是在心理上接纳别人、理解别人的处世方法，尊重别人的处世原则。男人在接受别人的长处之时，也要接受别人不太完美的另一面，这样才能真正地和平相处，社会才显得和谐。俗语讲，眉间放一"宽"字，不但自己轻松自在，别人也舒服自然。容纳是一种豁达的风范，对于人生，也许只有拥有一颗容纳的心，才能面对自己的人生。

容纳就是在别人和自己意见不一致时也不要计较。从心理学角度看，任何的想法都有其来由，任何的动机都有一定的诱因。了解对方想法的根源，找到他们意见提出的原因，就能够设身处地地为对方着想，这样自己提出的方案也就更能够契合对方的心理而被对方接受。

容纳，是一种看不见的幸福。原谅别人，不但给了别人机会，也赢得了别人的信任和尊敬，自己也能够与他人和睦相处。

容纳更是一种财富，拥有宽容，是拥有一颗善良、真诚的心。这是一笔易于拥有的财富，它随着时间的推移而升值，它会把精神转化为物质，它是一盏绿灯，帮助男人在工作中通行。选择了容纳，便赢得了财富。

玩弄机巧，不如向平实处努力

曾经流行一个词语叫"包装"，就是把自我宣传好，把缺点掩饰起来，把优点放大。但实际上，人际关系最根本的在于真、在于诚。一个男人，无论交际的技巧如何熟练，若无善心，工于心计，处世不会顺畅，交友不会长久。

宋儒吕本中在《童蒙训》中说："每事无不端正，则心自正焉。"有了诚心方能办成事。交友、处世首先不是技巧问题，而是诚心问题。所以他认为"凡人为事，须是由衷方可，若矫饰为之，恐不免有变时。任诚而已，虽时有失，亦不复藏使人不知，便改之而已"。这就是说，待人处世不应虚情假意、矫揉造作、言不由衷、口是心非。

首先是要学"笨"些，而不是学"精"，就是说，要多保持一些诚实的东西，少来些虚假的东西，照此法做必有大成就。一个男人若顺着商业化社会那种只重交际技巧、矫揉造作的路子发展，不会有大作为。

人生处世要放远目光，大智若愚，这是中国大儒们所努力追求的。曾国藩在给其弟的信中就说明了这点，他这样写道：

弟来信自认为属于忠厚老实人，我也相信自己是老实人。但只因为世事沧桑看得多了，饱经世故，有时多少用一点儿机巧诈变，使自己变坏了。实际上因这些机巧诈变之术总不如人家得心应手，徒然让人笑话，使人怀恨，有什么好处呢？这几天静思猛醒，不如一心向平实处努力，让自己忠厚老实的本质还我以真实的一面，回复我的本性。贤弟此刻在外，也要尽早回复忠厚老实的本性，千万不要走入机巧诈变那条路，那会越走越卑下。即使别人以巧诈我，我仍旧以淳朴厚实待他，以真诚耿直待他，久而久之，人家有意见也会消解；如一味钩心斗角，互不相让，那么，冤冤相报就不会有终止的时候了。

曾国藩是最反对人有傲气的，他在家书中，指出傲气是人生一大祸害，一定要根除。他说，古来谈到因恶德坏事的大致有两条："一是恃才傲物，二是多言。丹朱（尧帝的儿子）做得不好的地方，就是骄傲和奸巧好讼，也就是多言。纵观历代名公巨卿，很多是有一种傲气，尽管不太多言，但笔端多少有些近乎巧诈。静时暗中检讨自己的过失，我之所以处处被人怪罪，根源亦不外乎这两条。温弟性格大致与我相似，而言辞更为尖刻。凡以傲气凌人，不一定非得以言语相加，有以神气凌人的，有以脸色凌人的……大抵心中不能总记着自己的长处，否则就一定会从面容神态上表现出来。从门第看，我的声望大增，正担心会影响到家中子弟；从个人才识看，现今军旅中锻炼出很多人才，我们也没有什么特别超过人家的地方，都不可倚仗。只有兢兢业业，放下架子，把忠信笃敬贯彻到一切言行中，才多少能弥补一些旧时的过失，整顿出新的气象。不然，人人都会讨厌和小看我们了。"

在另一封信中他又讲到这个问题，告诫其弟一定要戒牢骚。他说："在几个弟弟中，温弟的先天资本是最好的，只是牢骚太多，性情太懒。以前在京城就不爱读书，又不爱作文。当时我就很担心这一点。最近听说回家以后，还是像过去那样牢骚满腹，有时几个月不提笔作文。我们家如果没有人一个一个相继做出大的成就，其他几个弟弟还可以不过分追究责任。温弟就实在是自暴自弃，不应把责任完全推脱给命运。我曾见过我朋友中那些爱发牢骚的人，以后一定会遇到很多的挫折。……这是因为无故埋怨上天，上天就不会给他好运；无故埋怨别人，别人也绝不会心服。因果报应的道理，自然随之应验。温弟现在的处境，是读书人中最顺畅的境地，却动不动就牢骚满腹，怨天尤人，一百个不如愿，这实在叫我不可理解。以后一定要努力戒除这个毛病……只要遇到想发牢骚的时候，就反躬自问：'我是不是真有什么毛病，以致心中这样地不平静？'下狠心自我反省，下决心戒除不足，就不会有祸患。心平气和、谦虚恭谨，不仅可以早得功名，始终保持这种平和的心境，还可以消灾减病。"

盛气凌人也罢，牢骚太盛也罢，都是自傲的一种表现。自傲是人生一大误区。有人认为老实人吃亏，其实都是短视。做人自谦，从个人来说这是最老实的态度。个人无论如何神通，也不过是宇宙间的一粒尘埃而已。更何况天外有天，人外有人，水平高的人多得是，只是你未看见而已。

朱熹在给其长子的家信中说:"凡事谦恭,不得盛气凌人,自取耻辱。"这就是说自谦招福,自傲招害。《三国演义》中的马谡纸上谈兵,盛气凌人,结果兵败人亡。所以《尚书·大禹谟》中说"满招损,谦受益",真是为人之真言。由此而言,尾巴不应夹起来,而是应该永远放下来,不是迫于外界而是感于内心。男人的低调正是人生的高明之处,正是在于着眼于大处,着眼于长远。

一个有品位的人敢于吃亏

有一位先生谈起他对"吃亏是福"这句格言体会时说,他信奉"吃亏是福",并非出自对字面意义的理解,也非来自高人的点化,而完全源于自己现实生活的切身体验。为此,他虽然经常搬家,但始终舍不得丢弃那幅只花了两元人民币、从小贩手中买来的郑板桥的手迹拓片复制品:"吃亏是福"。

他高考落榜后回乡种田,不久便碰上了实行生产承包责任制,生产队分田分地的时候,有块易遭旱涝的田没人想要。他当时劝父亲说:"咱们要了吧!"父亲当时用惊讶的目光看了他很久,郑重地问道:"你不怕吃亏?"

他点头称是:"那块田总得有人要,即使吃亏,也得有人吃啊!"父亲一拍他的肩头，拍板道："好小子，敢吃亏，有种、有出息！"于是，他们主动包下了那块田，使得生产队划分责任田的工作顺利地完成了。由于他们敢于吃亏，解决了难题，大家自然感激地夸奖这个小伙子。

田地分了下来，为了使那块易遭旱涝的田旱涝保收，他和父亲起早贪黑，加固田基，砌高堤坡，又架了一条渡槽引水灌溉，一年之后这块田真的成了一块良田，他们也由此获取了意想不到的利益，因为这块田当初没人要，包产基数很低，如今被他们改造成了旱涝丰收的良田，产量翻了几番，他家每年打下的粮食都要比别人多。看着金灿灿的谷子堆满粮仓，父亲乐呵呵地说："娃呀，吃亏是福呢！"父亲无意说出的这句话，却引起了他灵魂的一阵触动，他开始思索这句格言的含义。

然而，从他吃亏开始，"福"也开始来了，他的命运也在悄然地发生变化。第三年秋收之后，乡里决定在每个村选拔一名德才兼备的年轻人担任村干部。乡亲们一致推举了他，说他品行端正，文才出众，肯为乡亲们帮忙。一位老者还握着副书记的手恳求说："这娃吃得了亏，让他当干部咱们放心！"

就这样，他被推上了村委会副主任的位置，那年他22岁。他是带着感动走马上任的，丝毫不敢懈怠，怕辜负了乡亲们的信任和期望。在村干部班子里，他是个"娃娃干部"，只有扎扎实实地工作。有些事，明明是吃亏的，心里也不想做，但又不能不做。渐渐地，他开始获得了村、乡领导的好评和信任，在群众中也获得了良好的口碑。

又过了两年，县里要从村干部中吸收一批年轻村干部转为国家干部，他也报名参加了考试，但考试成绩不太冒尖，所以他并未抱太大的希望。考核小组来村里考核，全村老少对他交口称赞，考核会变成了他

第六辑　精品男人低调生活，高调做人

的"事迹搜集会"，大家历数了他"吃亏"的十大事迹，连考核小组的同志也为之感动了，结果他的考核被打了满分，综合考评成绩一跃高居榜首，很顺利地由一名"农民干部"变成了"国家干部"。那块象征着他"吃得亏"的田地也因他"农转非"退回了村里……

在开始安排他在乡里工作时，他也能吃亏，别人不愿干的烦琐、辛苦的事他都主动承担，特别是抄抄写写的事都由他干。当时，外出联系工作、跑上级单位、找领导的事别人抢着做，他主动退让，周围的同事纷纷提升了，他却原位不动，但也毫不计较。他能吃亏的品格和能力终于得到领导和同志们的赞赏，受到了重用。

如今，"吃亏"仍如影随形地每一天都伴随着他。这种"亏"吃得多了，使他长了见识，找到了自己的定位，不再受欲望驱使而胡撞乱碰，而是一步步向前迈进。如果与人合伙干事业，他从不斤斤计较得与失，更不会去算计别人而损人利己，而是千方百计地把事情干好，哪怕亏本，也不愿放弃承诺。这些事表面看来他吃了亏，可却在同仁和朋友中树立了良好的信誉和口碑，与他合作没说的，他不会算计人，吃得了亏，完全可以放心！与他合作的人多了，得益多的还不是他吗？

在他人生的字典里，他不把"吃亏是福"当成一种教义和一个口号，而是当成一种信念、一种行动。这个世界确实没几个人肯吃亏了，但正因为没人肯吃亏，结果大家都吃了亏；也正因为有少数人有意或无意间吃了亏，到头来他们却得了利。一个男人，倘若想成为一个有品位的人，就得学会吃亏，敢于吃亏！

115

老把自己当珍珠，就有被埋没的痛苦

年长的人总忘不了给那些踌躇满志的年轻人以忠告，在人生的道路上，要把自己看轻些。这忠告，尽管包含了几缕沧桑，但更多的是对自我的超越。它不是自卑，也不是怯懦，而是清醒中的一种苦心经营。

谁不想让自己的人生放出夺目之光？人往高处走，水往低处流，这是必然的轨迹。只是每个人虽然都有良好的愿望，但不一定人人都能够到达成功的彼岸。因为它还取决于自我对人生的理解、对人生的把握、对人生做出的应有的姿态。

一个自以为是的人往往看不到别人的优秀与成绩，一个沉湎于过往的失败、愤世嫉俗的人往往看不到世界的精彩与繁华。只有把自己看轻些，才会不断地自我否定，不断地提高自身修养；才会在挑战面前自信沉着，冷静对待；才会在挫折面前一笑了之，屡败屡战。当阳光驱散最后一丝阴云，你会发现看轻自己是一种多么超凡脱俗的境界：淡泊明志，宁静致远。

1775年6月，在波士顿郊区莱克星顿和康科德的抗英战斗爆发后的几星期，乔治·华盛顿被提名为大陆军总司令的候选人，并获得大陆议会投票通过。然而，年仅34岁的华盛顿眼睛里闪烁着泪花，对人们说了这样一句话："这将成为我的声誉日益下降的开始。"

是啊，华盛顿获得提名后，并没有陶醉于荣誉中，相反，他首先考虑的是自己与大陆军总司令所必须具备的条件之间的差距，以及不排斥别人在背后议论、指指点点等。这就使他对自己以后的工作提出了更高的要求。我们是不是可以这样说呢，他把自己的位置放在最低处，看轻自己，为他以后当选为大陆军总司令和荣任美国第一届总统奠定了人格基础？

诗人鲁藜曾说："还是把自己当作泥土吧，老是把自己当作珍珠，就时时有被埋没的痛苦。如果在一个群体里，老把自己当做主角，别人不仅不会接受你，反而会嘲笑你。"把自己看轻不是自暴自弃，也不是胆怯懦弱。看轻自己，你的谦逊必能为大家所折服。你越看轻自己，就越能被人看重。

有一位省长，在他三十多岁担任矿务局局长时，有一段时间被派去监督劳动，可工人们不让他去危险的地方，他们说："看你不是坏人，将来国家要用你。"这怎么能不令他感激涕零？道理自然明显，他能获取普通工人这份最真诚的关爱，自是一直以来放低自己的位置、把工人看重的结果。走上领导岗位后，他每年总是拿出一定的资金进行安全设施的更新换代，以改善工人的安全条件。他每年都去看望他们。他说："我不考虑继任者怎么评论我，关键是老百姓怎么评论我。"这肺腑之言，不是为看轻自我作了最生动的注解吗？

看轻自我的人从不轻易放弃。他们深知，能否成功是上天的安排，然而是否去追求成功却在于自我的努力。

看轻自我的人总是不知足，对于成功总是低调却执着地追求。聪明睿智，守之以愚；功被天下，守之以让；勇力振世，守之以怯；富有四海，守之以谦。

看轻自我的人，总是把过去的成功抛之脑后，在前进的道路上迈向更高的平台；看轻自我，是把面临的挑战作为一种潜在的动力，心静如水,勇敢地去迎接;看轻自我,是全身心地去展现自我,乐观、自信、充满活力。

所以,努力去做一个看轻自我的男人,即使面临的是一座难以攀登的高峰,也会以平和的心态去面对。别太拿自己当回事儿,其实是一种福分。

学会忘却,超然洒脱

低调的人认为能够忘却是一种境界,正如庄子所说:"至人无己,神人无功,圣人无名。"

忘却是一件极为常见的事。人生在世不可能万事都那么一帆风顺,没有坎坷,每个人都会有挫折、有失败,这样就渐渐地使人产生了不好的情绪,同时也给人带来了负面的影响。为过去发生的事情追悔不已,但是后悔也改变不了已发生的事态,要使过去的失败具有真正积极的意义,唯一的方法就是冷静地分析原因。

为了调整和改善我们的心态,提高自己的生活质量,男人必须学会忘却。

心理学家柏格森说:"脑子的作用不仅仅是帮助我们记忆,而且也帮助我们忘却。"其用意就在于提醒人们,要不停地对自己的情绪进行调整，懂得忘却过去的失败与不愉快之事。

著名教育家拿破仑·希尔有过这样的描述：

我曾开办过一个非常大的成人教育机构，在很多城市里都有分部，在管理费用上的投资非常大。我当时因为工作繁忙，没有精力和时间去管理财务问题，但也没有授权让任何人来管理各项收支。过了一段时间，我惊奇地发现，虽然我们投入非常多，但却没有得到相应的利润。我经过一番认真的思考后，决定从两个方面来进行改变。

第一，我应该用足够的勇气和智慧忘掉一切，就像黑人科学家乔治·华盛顿·卡佛尔做的那样，他承受住了将自己毕生的积蓄从银行账户转给别人的打击。

当有人问他是否知道自己已经破产时，他回答说："是的，也许像你所说。"然后继续做自己喜欢做的事情。

他把这笔损失从他的记忆里抹掉，以后再也没有提起过。

第二，我应当做的另一件事就是把自己失败的原因找出来，记住惨痛的教训，然后从中学到一些有用的经验。

但是说实话，这两件事我一样也没有做，相反地，我却沉浸在经常性的忧虑与痛苦中。一连好几个月我都恍恍惚惚的，睡不好，体重也减轻了很多，不但没有从这次失败中学到教训，反而接着又犯了同一个错误。

对我来说，要承认以前这种愚蠢的行为，实在是一件很为难的事。我早就发现："去指挥、教导 20 个人怎么做，比自己一个人真正去做要容易多了。"

曾教过我生理课的一位老教授给了我最有意义的一课，我为此受益终生。

那时我才十几岁，但是我好像常常为很多事发愁。我常常为自己犯过的错误而哀叹不已，考完试以后，我常常会半夜里睡不着，总是担心自己考不及格。追悔我做过的那些事情，后悔当初那样做。我总爱反思我说过的一些话，总希望当时能把那些话说得更好。

一天早上，我们全班到了科学实验室，教授把一瓶牛奶放在桌子边上。我们都坐着，望着那瓶牛奶，不知道牛奶跟生理卫生课有什么关系。然后，教授突然站了起来，看似不小心的一碰，把那瓶牛奶打翻在地。然后，他在黑板上写道："不要为打翻了的牛奶而哭泣。"

"好好地看一看，"教授叫我们所有的人仔细看看那瓶被打翻的牛奶，"我要你们永远都记住这一刻，这瓶牛奶已经没有了，它都漏光了。无论你怎么着急、怎么抱怨，都没有办法再收回一滴奶。我们现在所能做的，只是把它忘掉，丢开这件事情，只注意下一件事。"

我早已忘了我所学过的几何和拉丁文，这短短的一课却让我记忆犹新。后来，我发现这件事在实际生活中所教给我的，比我在高中读了那么多年书所学到的都有意义。它教我懂得，尽量不要打翻牛奶，但当它已经漏光了的时候，就要彻底把这件事情忘掉。

的确，这句话很普通，也可以算是老生常谈了。可是像这样的老生常谈，却包含了多少代人所积聚的智慧，这是人类经验的结晶，是世世代代流传下来的。

男人，也许你不会看到比"船到桥头自然直"和"不要为打翻的牛奶而哭泣"更基本、更有用的常识了。只要你能运用它们，不轻视它们，你就能在现实生活中心胸开阔，以更好的心态去面对明天。

第六辑　精品男人低调生活，高调做人

放下架子才不会成为"孤家寡人"

自傲的人往往惹人讨厌，高傲者纵然有功绩，但也会令人唾弃。

五代时，骁将王景有勇无谋，凭一身武艺为梁、晋、汉、周四朝效力，做到了节度使，宋初被封为太原郡王，死后被追封岐王。他的几个儿子也和他一样，除骑射之外别无所长。大儿子王迁义跟随宋太祖打天下，功不大，官不高，却自以为了不起，好夸海口，经常抬出他父亲的大名来炫耀，逢人便宣称"我是当代王景之子！"人们听着好笑，都称他为"王当代"。

这样的人在现实生活中还是经常能看到的。具有骄矜之气的人，大多自以为能力很强，很了不起，做事比别人强，看不起别人。由于骄傲，他们往往听不进别人的意见；由于自大，他们做事专横，轻视有才能的人，看不到别人的长处。

越是摆架子，挖空心思地想得到别人的崇拜，你越不能得到它。能否获得别人的崇拜，取决于值不值得别人尊重，有无虚怀若谷的胸襟。想靠巧取豪夺是行不通的，要名副其实，且耐心地等待。

身处的职位越高，越要求你具备相应的威严和礼仪，不要摆架子。国王之所以受到尊敬，也应该是因为他本人当之无愧，而不是因为他的那些堂而皇之地排场及其他因素。

据《战国策》记载：魏文侯太子击在路上遇到了文侯的老师田子方。击下车跪拜，田子方不还礼。击大怒说："真不知道是富贵者可以对人傲慢无礼，还是贫贱者可以对人骄傲？"田子方说："当然是贫贱的人对人可以傲慢，富贵者怎敢对人骄傲无礼？国君对人傲慢会失去政权，大夫对人傲慢会失去领地。只有贫贱者计谋不被别人使用，行为又不合于当权者的意思，不就是穿起鞋子走人吗？到哪里不是贫贱，难道他还会怕贫贱？会怕失去什么吗？"太子见了魏文侯，就把遇到田子方的事说了，魏文侯感叹道："没有田子方，我怎能听到贤人的言论呢？"

富贵者本来就容易骄傲，看不起地位低的人。但是如果不能虚心受教，则可能因此而失去自己的财势。

在现实社会中，有的男人在获得成功后往往居功自傲、唯我独尊、狂妄自大，这种人个性意识一旦得到强化，轻则滋生骄傲自满的心理，重则无视国法，甚至走向自我毁灭之路。

不必轻易张扬个性

男人可能都认为个性很重要，他们最喜欢做的就是张扬个性。他们最喜欢引用的格言是：走自己的路，让别人说去吧！

时下的种种媒体，包括图书、杂志、电视等也都在宣扬个性的重要性。

我们可以看到许多名人都有非常突出的个性。爱因斯坦在日常生活中非常不拘小节，巴顿将军性格极其粗暴，画家凡·高是一个缺少理性、充满了艺术幻想的人。

名人因为有突出的成就，所以他们许多怪异的行为往往被社会广为宣传。有的男人甚至产生这样的错觉，怪异的行为正是名人和天才人物的标志，是其成功的秘诀。我们只要分析一下，就会发现这种想法是十分荒谬的。

名人确实有突出的个性，但他们的这种个性往往表现在创作的才华和能力之中。正是他们的成就和才华，使他们特殊的个性得到了社会的肯定。如果是一般的人，一个没有多少本领的人，他们的那些特殊的行为可能只会得到别人的嘲笑。

男人为什么那么喜欢谈个性，那么喜欢张扬个性呢？我们先探讨一下男人所张扬的个性的具体内容是什么。

他们张扬的个性有相当一部分是一种习气，是一种希望自己能任性地为所欲为的愿望。男人有许多情绪，他们希望畅快地发泄自己的情绪。他们不希望把自己的行为束缚在复杂的条条框框中，所以男人喜欢张扬个性。

张扬个性肯定要比压抑个性舒服。但是，如果张扬个性仅仅是一种任性，仅仅是一种意气用事，甚至是对自己的缺陷和陋习的一种放纵的话，那么，这样的张扬个性对男人的前途肯定是没有好处的。

大多数男人都非常喜欢引用但丁的一句名言："走自己的路，让别人说去吧！"但作为一个社会中的人，你真的能这么"洒脱"吗？比如你走在公路上，如果仅仅走自己的路而不注意交通规则的话，警察就会来干涉你，会罚你的款。如果你走路时不注意安全，横冲直撞的话，还有可能出车祸。所以"走自己的路，让别人说去吧"这种态度在现实生活中是行不通的。社会是一个由无数个体组成的群体，每个人的生存空间并不是很大。所以，当你想伸展四肢舒服一下的时候，必须注意不要碰到别人。当你张扬个性的时候，必须考虑到你张扬的是什么，必须注意到别人的接受程度。如果你的这种个性是一种非常明显的缺点，你最好还是把它改掉，而不是去张扬它。

男人必须注意，不要使张扬个性成为你纵容自己缺点的一种漂亮的借口。社会需要人们创造价值，社会首先关注的是人们的工作品质是否有利于创造价值。个性也不例外，只有当你的个性有利于创造价值，是一种生产型的个性，你的个性才能被社会接受。

巴顿将军性格粗暴，他之所以能被周围的人接受，原因在于他是一个优秀的将军，他能打仗，否则他也会因为性格的粗暴而遭到社会的排斥。

所以，作为男人应该明白：社会需要的是生产型的个性，只有你的个性能融合到创造性的才华和能力之中，你的个性才能够被社会接受，如果你的个性没有表现为一种才能，而仅仅表现为一种脾气，它往往只能给你带来不好的结果。

在自己的能力范围内量力而行

有很多男人不敢去追求成功，不是追求不到成功，而是因为他们在内心深处默认了一个"高度",这个高度常常暗示自己的潜意识:成功是不可能的,这是没有办法做到的。"心理高度"是人无法取得成就的根本原因之一。但如果你设定了符合自己能力的目标,一步一个脚印地走下去,反而能踏踏实实地实现目的。

有一位武术大师隐居于山林中。听到他的名声,人们都千里迢迢来寻找他,想跟他学些武术方面的窍门。

他们到达深山的时候,发现大师正在山谷里挑水。

他挑得不多,两只木桶里的水都没有装满。

按他们的想象,大师应该能够挑很大的桶,而且应该挑得满满的。

他们不解地问:"大师,这是什么道理?"

大师说:"挑水之道并不在于挑多,而在于挑得够用。一味贪多,适得其反。"

众人越发不解。

大师从他们中拉了一个人,让他重新从山谷里打了满满两桶水。

那人挑得非常吃力,摇摇晃晃,没走几步就跌倒在地,水全都洒了,那人的膝盖也摔破了。

"水洒了,岂不是还得回头重打一桶吗?膝盖破了,走路艰难,岂不是比刚才挑得还少吗?"大师说。

"大师,请问具体挑多少合适?怎么估计呢?"

大师笑道:"你们看这个桶。"

众人看去,见桶里画了一条线。

大师说:"这条线是底线,水绝对不能高于这条线,高于这条线就超过了自己的能力和需要。起初还需要画一条线,挑的次数多了以后就不用看那条线了,凭感觉就知道是多是少。有了这条线,可以提醒我们,凡事要尽力而为,也要量力而行。"

众人又问:"请问底线应该定多低呢?"

大师说:"一般来说,越低越好,因为低的目标容易实现,人的勇气不容易受到挫伤,相反会激发起更大的兴趣和热情,长此以往,循序渐进,自然会挑得更多、走得更稳。"

第七辑
CHAPTER 7

精品男人尽情享受生命的每一天

男人总是脚步匆匆地追逐成功，而忽略了自己的生活。事实上，人活着不只是为了追求成功，更是为了感受幸福。所以，精品男人会为自己留下一点儿空闲时间去经营感情、培养爱好、放松身心。要知道，只知道奋斗不懈，不懂得休闲的人，只会使幸福渐行渐远。

享受生命中宁静而淡泊的美

在约瑟芬·哈特的小说《损害》中,一名角色悲叹说:"光阴像匹骏马,在我的生命中疾驰而过,完全占了上风,我几乎连缰绳都抓不住。"其实,年龄增长并不可怕,可怕的是年龄增长而人生价值却未能实现。

我们不应该畏惧衰老,因为它是生命完整的一部分。人生每一个阶段都有其不可替代的美丽,不容错过,也不必惋惜。

西班牙伟大的画家毕加索死的时候是91岁。被称为"世界上最年轻的画家"。这时,或许会有人问91岁怎么还能称最年轻呢?这是因为在90岁高龄时,他拿起颜色和画笔开始画一幅新的画时,好像还是第一次看到世界上的事物。

一般认为,年轻人总是在探索新鲜事物、探索解决新问题的方法,他们热衷于试验,欢迎新鲜事物,他们不安于现状,朝气蓬勃,从不满足;老年人总是怕变化,他们知道自己什么最拿手,宁愿把过去的成功之道如法炮制,也不愿冒失败的风险。

第七辑　精品男人尽情享受生命的每一天

但是，毕加索 90 岁时，仍然像年轻人一样生活着，他不安于现状，寻找新的思路和用新的表现手法来利用他的艺术材料。

大多数画家在创造了一种属于自己的绘画风格后，就不再改变了，特别是当他们的作品受到人们的欣赏时更是这样。随着艺术家年龄的增长，他们的绘画风格虽然也在变，可是变化不会很大了，而毕加索却像一位始终没有找到属于他的特殊艺术风格的画家，千方百计地寻找完美的手法来表达他那不平静的心灵。

他身上最引人注目的地方就是那睁大了的眼睛中的眼神。美国著名女作家格屈露德·斯特安在毕加索还年轻时就曾提到他那如饥似渴的眼神，我们现在也可以从毕加索的画像中看到这个眼神。毕加索在 1906 年给斯特安画了一张像，他是通过自己的记忆画她的脸。看过这张画的人对毕加索说：这不像斯特安小姐本人。毕加索总是回答说：太遗憾了，斯特安小姐必须设法使自己长得跟这张画一样才行呢。但是 30 年之后，斯特安说，在她的画像中，只有毕加索给她画的那张，才把她的真正神貌画出来了。毕加索作画，不仅仅用眼睛，更用思想。

毕加索的画，有些色彩丰富、柔和，非常美丽，有些用黑色勾画出鲜明的轮廓，显得难看、凶狠、古怪，但是这些画启发我们的想象力，使我们对世界的看法更深刻。面对这些画，我们不禁要问，毕加索看到了什么使他画出这样的画来？我们开始观察在这些画的背后究竟隐藏着什么。

毕加索一生创作了成千上万种风格不同的画，有时他画事物的本来面貌，有时他似乎把所画的事物掰成一块块的，并把碎片向你脸上扔来。他要求一种权力，不仅把眼睛所能看到的东西表现出来，而且把我们的思想所感受到的也表现出来。他一生始终抱着对世界十分好奇的心情作画，就像年轻时一样。

既然年龄是勒不住缰绳的骏马，为什么我们不在马背上优雅地欣赏人生的风景呢？当我们从容而优雅地体会生命中宁静而淡泊的美时，生命就会把关于年龄的秘密悄悄地告诉我们，让我们在身体逐渐走向衰老时仍然保持婴儿一样清亮而坦然的眼神。

别掉进"明天"这个陷阱里

当娱乐资源十分丰富时，有的人便沉溺于享乐，从不为增加生命的厚度而努力。他们常挂在嘴边的就是："今朝有酒今朝醉，哪管明朝是与非。"他们不怕老，因为他们总以为自己不会老。他们总是把今天该做的事拖到明天，殊不知，明天便是一个最大的陷阱。

冥王哈迪斯发现近来地狱的人口减少了，十分郁闷，便召来各位黑暗里的神魔商量对策。

会议开始，众神魔各抒己见。

谎言之神说："让我去告诉人类'丢弃良心吧！世上根本没有天堂！'"

哈迪斯神考虑了一会儿，摇摇头，表示否定。

欲望之神说:"让我去告诉人类'尽情地为所欲为吧!因为死后根本就没有地狱!'"

哈迪斯神想了想,还是摇摇头。

过了一会儿,懒惰之神说:"我去对人类说'还有明天'!"

哈迪斯神眼睛一亮,终于点了点头,说:"即使没有天堂,人类也不一定会丢弃良心;就算没有地狱,人类也不一定会为所欲为,这些都不足以把他们引向地狱。可是如果还有明天,那么人类就会更加纵欲享乐,不会珍惜时间。等他们察觉自己白白消耗了生命时,已经来不及了。"

古罗马作家奥维德曾经说过:"时间给勤勉的人留下智慧和力量,给懒惰的人留下懊悔和空虚。"

如果总是把希望寄托于明天,而忘记珍惜当下的每一分,每一秒,那么就会落入死亡的陷阱,错失了生命的美好。而你失去的,是永远也追不回来的,因此,你唯一该做的就是过好今天。

卓根·朱达是哥本哈根大学的学生,有一年暑假他去当导游。因为他高高兴兴地做了许多额外的服务,因此几个芝加哥来的游客就邀请他去美国观光并愿意为他支付旅行的费用。旅行路线包括在前往芝加哥的途中,到华盛顿特区做一天的游览。

卓根抵达华盛顿以后就住进"威乐饭店",他已经预付过那里的账单。他这时真是非常快乐,外套口袋里放着飞往芝加哥的机票,裤袋里则装着护照和钱。但是,当他准备就寝时,突然发现皮夹不翼而飞,他立刻跑到前台那里。"我们会尽量想办法。"经理说。可第二天早上仍然找不到,卓根的零用钱连两元都不到。自己孤零零的一个人待在异国他乡，应该怎么办呢？打电报给芝加哥的朋友向他们求援？还是到丹麦大使馆去报告护照遗失？还是坐在警察局里干等？

他突然对自己说："不行，这些事我一件也不能做。我要好好看看华盛顿，说不定我以后没有机会再来，但是现在仍有宝贵的一天待在这个国家里，好在今天晚上还有机票到芝加哥去，一定有办法解决护照和钱的问题。我跟以前的我还是同一个人，那时的我很快乐，现在也应该快乐呀！我不能白白浪费时间。"

于是他立刻动身，徒步参观了白宫和国会山庄，并且参观了几座大博物馆，还爬到华盛顿纪念馆的顶端。他原先想去的阿灵顿和许多别的地方去不成了，但他所到之处，他都看得更仔细。他用仅剩的那点儿钱买了花生和糖果，一点一点地吃，以免挨饿。

等他回到丹麦以后，这趟美国之旅最使他怀念的却是在华盛顿漫步的那一天——他非常珍惜而没有白白溜走的那一天。"现在"就是最好的时候，他知道在"现在"还没有变成"昨天我本来可以……"之前就把它抓住。

就在出事的那一天过了五天之后，华盛顿警方找到了他的皮夹和护照，并且送还给他。

做人要学会抓住今天，才能够更好地展望明天。要知道，人生就是一场无法回放的绝版电影，任何的人和事情不会因为你而停顿。与其盲目地期待明天有奇迹发生，不如今天就做一些力所能及的事情，也许，你期望的奇迹就能真的出现。

不要在忧愁中浪费今天

在某些时候，人们不是因为享乐而浪费了今天，而是因为忧虑，认为明天或许会解决自己的问题，而今天只能用来忧愁。可是结果呢？只不过是为自己的生命里增加了苦闷的一天而已。可惜的是，任何年龄的人，都会犯同样的错误。

人生一世，草木一秋，谁愿意在生命里留下遗憾呢？可是，人生不可能没有遗憾，但是，我们至少要学会不为此而浪费更多的时间，而将注意力集中在自己可以做的事情上面。只有这样，我们才能把握住时间，活出蓬勃的朝气来。

也许会有人以为"覆水难收，悔恨无益"是陈词滥调，不屑一顾。虽然这句话是老生常谈，但却蕴含了深沉的智慧。所谓谚语，就是人类长年累积的生活体验、世代相传的智慧结晶。

正如杨柳承受风雨，水适于一切容器一样，我们也要承受一切不可逆转的事实，对那些必然之事主动承受。我们要接受任何一种情况，使自己适应，然后就整个忘了它。在荷兰首都阿姆斯特丹一座15世纪的古老教堂的废墟上刻有这样的一句话："事情是这样，就别无他样。"

在生命中，我们都会碰到一些令人不快的情况，它们既然是这样，就不可能是别的样子。但我们也可以有所选择，可以把它们当做一种不可避免的情况加以接受，并且适应它，或者用后悔来毁了我们的生活，甚至最后可能会弄得精神崩溃。

我们必须接受和适应那些不可避免的事情。这可不是很容易就能学会的，就连那些在位的帝王也要常常提醒自己这样做。乔治五世在他白金汉宫房里的墙上挂着下面的这句话："教我不要为月亮哭泣，也不要为过去的事后悔。"叔本华也说过："能够顺从，就是你在踏上人生旅途中最重要的一件事。"

《费城日报》的富雷特·法兰杰特先生是一个懂得将古老真理融入现代生活因而受益的人。有一次，他在对某一所大学毕业生致词时说："曾拿过锯子锯过木头的人，请举手！"大部分的学生都举起了手。之后他又说："现在，曾拿过锯子锯过木屑的人请举手！"结果没有一个人举手。

"当然，拿锯子锯木屑是不可能的。木屑是锯剩的残渣，而我们的过去不也像木屑一样吗？为无法挽救的事追悔不已，不就像拿着锯子锯木屑一般吗？"富雷特说。

明天确实是一个陷阱，但有智慧的人能将之变为有益的希望。有了对未来的希望，对于今天就会善加利用，自然就会朝气蓬勃。这份豁达可以帮助我们跨越年龄所设置的障碍，真正随心所欲。只要一步一步走下去就好。

有时候，我们计算一下年龄，就会无端地产生一阵惊恐。原来生命已经过去了1/4、1/3……而未来又是看不见、摸不着的，于是茫茫然不知所措。

别被年龄给吓倒了，也不用担心未来要如何到达，你要做的只是踏踏实实、一步一步地走下去。

鹅毛大雪下得正紧，漫山遍野都覆盖上了一层厚厚的白雪。

有一位樵夫挑着两担柴吃力地往山上爬，他要翻过眼前的大山才能到家。樵夫一脚深一脚浅地走在山地雪路上，寂静的山头只听见脚踩着雪发出的"吱吱"的响声。

肩挑沉重的柴，顶着凛冽的北风，樵夫每一步都十分费力。爬了许久很不容易地走了一段路以为离山顶近了，可是抬头仰望，看见前方仍没有尽头。

樵夫沮丧极了，跪在雪地上，双手合十乞求神仙现身帮忙。

神仙问："你有何困难？"

"我请求您帮我想个办法，让我尽快离开这鬼地方，我累得实在是不行了。"樵夫疲惫地坐在地上。

"好吧，我教你一个办法。"神仙说完，把手向农夫身后一指接着说，"你往身后瞧去，看见的是什么？"

"身后是一片茫茫白雪，只有我上山时留下的脚印。"樵夫不解地说。

"你是站在脚印的前方，还是后方？"

"当然是站在脚印的前方，因为每一个脚印都是我踩下去后才留下的。"樵夫理所当然地回答。

"孺子可教！也就是说，你永远站在自己走过路途的前方。只是这个前方会随着你脚步的移动而变化。你只需记住一点，无论路途多么遥远、多么坎坷，你永远是走在自己走过的路途的前方，至于其他的问题你无须理会。"说完，神仙便消失了。

樵夫照着神仙的指示，果然轻松愉快地翻过山头，回到了家。

没错，人不应该畏惧未知的前途，只要你一步步向前走去，总会到达梦想实现的地方。

美国专栏作家威廉·科贝特曾在一篇文章中写道:"我们的目光不可能一下子投向数十年之后,我们的手也不可能一下子就触及数十年后的那个目标,其间的距离,我们为什么不能用快乐的心态去完成呢?"

年轻时,威廉·科贝特辞掉了报社的工作,一头扎进创作中去,可他心中的"鸿篇巨制"却一直写不出来,他感到十分痛苦和绝望。

一天,他在街上遇到了一位朋友,便悲伤地向朋友倾诉了自己的苦恼。朋友听了后,对他说:"咱们走路去我家好吗?""走路去你家?至少也得走上几个小时。"朋友见他退缩,便改口说:"咱们就走到前面两个路口吧。"

走过两个路口,他们停下来看了一会儿橱窗,然后又走了两个路口,再停下来听一个流浪艺人拉了一会儿小提琴。之后,他们便这样两个路口、两个路口地走下去。一路上,朋友带他到射击游艺场观看射击,到动物园观看猴子。他们走走停停,不知不觉就走到了朋友的家里。几个小时走下来,他们一点儿都没有感到累。

在朋友家里,威廉·科贝特听到了让他终生难忘的一席话:"今天走的路,你要记在心里,无论你与目标之间有多远,都要学会轻松地走路。只有这样,在走向目标的过程中,才不会感到烦闷,才不会被遥远的未来吓倒。"

就是这番话,改变了威廉·科贝特的创作态度。他不再把创作看成是一件苦差事,而是在轻松的创作过程中,尽情地享受创作的快乐。不知不觉间,他写出了《莫德》《交际》等一系列名篇佳作,成为美国一位著名的专栏作家。

人生就是这样漫长的路，留在身后的脚印是我们的过去，前面的路口是我们的未来。不要被这条路给吓倒，也不要担心自己走不完这条路，只要用轻松的心态走下去，目标就会实现，未来也会不期而至。

保持蓬勃的朝气和轻松的心态，不要去考虑自己已经活了多久，也不要担忧自己还能活多久，彻底把年龄给忘掉吧。但是别让你的日子过得天天都一个样，每天都重复同样的事，这样会让生活变得枯燥乏味，年龄的增加也会显得沉重了。

成功没有时间限制

有人说，如果30岁还没结婚、40岁还没成功，那就永远也找不到称心如意的爱人，也不可能会成功了。事实上，说这种话的人本身就不会是多么成功的人。实际上，成功是没有时间限制的，也就是说成功与年龄没有太大的关系。

有人调查了100位世界名人的成功经历，发现他们的成功经历并非按照一般的成功模式进行。在成功者眼里，时间限制并不能左右他们。

莫扎特3岁已能弹奏古典钢琴曲，并能记住只听一遍的乐段。

肖邦在7岁的时候，创作了G小调波罗乃兹舞曲。

爱迪生10岁那年，在父亲的地下室建立起一个实验室，开始了世界上最伟大的发明。

奥斯汀在21岁那年出版了世界名著《傲慢与偏见》。

福特在50岁那年采用了"流水装配线"，实现了汽车的大规模生产，使汽车售价大幅下降，开始在全世界普及。

丘吉尔在81岁时从首相位置上退下，回到下议院，但又赢得一次议会选举。他开始学画，并成功展示了自己的作品。

100岁的爵士音乐钢琴演奏家、作曲家尤比·布莱克还举办了自己的专场音乐会。在逝世前的5天，他对别人说："早知道我能活这么久，我会更加努力些。"

可见，成功对于一个人来说，并不在于他的年龄，处于各个年龄段的人都可以有所作为。小到几岁，大到百岁，只要付出努力就可以成功，关键在于一个人的心态是否想要实现自己的目标，在于他是否付出了全部的努力。

奥马尔是一个有作为的人。他的头脑充满了智慧，而且稳健、博学，为人们所敬仰。

有一次，一个年轻人问他："您是如何做到这一切的，刚一开始您是否就已经制订了一生的计划了呢？"

奥马尔微笑着说：

"到了现在这个年纪，我才知道制订计划是没有用的。

"当我十几岁的时候我对自己说：'我要用以后的第一个10年学习知识；第二个10年去国外旅行；第三个10年我要和一个美丽、漂亮的姑娘结婚并且生几个孩子。在我人生最后的10年里，我将隐居在乡村地区，过着我的隐居生活，思考人生。

"终于有一天，在第一个 10 年的第 7 个年头，我发现自己什么也没有学到，于是我推迟了旅行的安排。在以后的 4 年时间里，我学习了法律，并且成了这一领域举足轻重的人物，人们把我当做楷模。

"这个时候我想要出去旅行了，这是我期盼已久的愿望，但是各种各样的事情让我无法抽身离开。我害怕人们在背后斥责我不负责任，后来我只好放弃旅行这个想法。

"等到我 40 岁的时候，我开始考虑自己的婚姻了，但总是找不到自己以前想象中美丽、漂亮的姑娘。直到 62 岁的时候，我还是单身一个人，那时候我为自己这么大把年纪还想结婚而感到羞愧，于是我又放弃了找到这样一个姑娘并且和她结婚的想法。

"后来我想到了最后一个愿望，那就是找一个僻静的地方隐居下来，但是我一直没有找到这样一个地方。如果要有什么大的疾病，我恐怕连这个愿望都实现不了。

"这就是我一生的计划，但是一个也没有实现。

"孩子，你现在还年轻，不要把时间放在制订漫长的计划上，只要你想到要做一件事就马上去做。世界上没有固定的事物，计划赶不上变化。放弃计划，立刻行动吧！"奥马尔最后说。

人生不能没有计划，没有计划的人生就像在茫茫大雾中前行。制订计划固然很重要，但想规定每个年龄该干什么也是不现实的。如果强求自己在什么年龄该做什么事，很多人都会生活在盲目的"计划"之中。

有人觉得自己到了该结婚的年龄，于是匆匆忙忙找一个并不是真心相爱的人结婚，婚后才发现和对方的感情不融洽。有人觉得自己到了该有孩子的年龄，于是生一个孩子，可是在手忙脚乱中又发现自己其实还没有做好抚养和教育好孩子的准备。有人觉得自己到了该"享清福"的年纪了，于是退休在家，什么事也不做，每天只在门口呆望着某处地方，晒晒太阳。

这样的人生总是匆忙而且慌张的，就像一个人在追赶公车，总是害怕赶不上这班车，其实，错过了这班车还有下一班，急什么呢？每辆公车都开往同一个终点站，那是每个人都要去的地方，你不趁坐车的时候看一下沿途的风景，却让时间把自己逼得喘不过气来，这是不可取的。

计划赶不上变化，也没有必要规定自己在某一个年龄必须取得成功。与其茫然、盲目地陷入时间陷阱，不如专注眼前，立即去做你现在就能做的事。

年龄不过是掌中的沙

你在海滩边玩过沙吗？有没有试过握一把沙在手中，握得越紧它流失得越快？年龄也就像你手心里的那把沙，只不过你无论是握得松还是握得紧，它都会一粒不剩地从你手中流失。

每个人来到这个世界的时候，都紧握着拳头，但时间仍然毫不留情地从人们的手中流过。而当人们离开这个世界时，都摊开两手，既带不走什么，也抓不住什么。

想通这一点，你就会明白，无须刻意抓住你的时间，只要在一呼一吸之间珍惜它就已足够。因为，时间是抓不住的。

有一个寓言故事。蔚蓝的大海里，有一条快乐的鱼，它每天尽情地在海水中游动，它和身边许多的鱼说一些它所经历的故事。疲惫时，它就憩息在水草的中间，自由快乐是它的生活原则。但有一天，它遇到了另一条鱼。那条鱼对它说："我听说，有一个很远很远的地方叫大海，有比我们这里更宽阔的水域，那里有许多好玩的东西。如果你去那里，也许你的生活会有所改变的。""真的吗？"它问那条鱼。"是的。你去找找吧。"于是，它开始寻找大海了，它游啊游啊，每天疲惫极了，并没有看到它要找的大海。有一天，它终于累了，看到一条正在悠闲游动的鱼。它问那条鱼："你知道大海在哪里吗？"那条悠闲的鱼一听就笑了，说："你现在就在大海里呀！"

很多时候，人们生活得很紧张，追求这个追求那个，生怕自己一不小心错过了什么。在某一天，蓦然回首，却惊奇地发现，自己拥有的最好的年龄已经过去，而自己却从未珍惜过。于是他便懊悔不已，而此时他还不知道自己又犯了一个错误，那就是当下仍是他最好的年龄，他又没有珍惜。

一位作家说过："当你存心去找快乐的时候，你永远也不会得到快乐。唯有让自己活在'现在'，全神贯注于周围的事物，不去考虑你的年龄，快乐便会不请自来。"或许人生的意义，就在于享受一路走来的点点滴滴。

一个屡屡失意的年轻人千里迢迢来到一座寺庙,慕名寻到老僧住持,沮丧地对住持说:"像我这样屡屡失意的人,活着也是苟且,有什么意思呢?"

住持如入定般坐着,静静地听这位年轻人的叹息和絮叨,并没有开口劝解他,只是吩咐小和尚说:"施主远途而来,想必渴了,你去烧一壶温水送过来。"小和尚应诺着去了。

不一会儿,小和尚送来了一壶温水,住持抓了一把茶叶放进杯子里,然后用温水沏了,放在年轻人面前的茶几上,然后微微一笑说:"施主,请用些茶。"年轻人低头看看杯子,只见杯子几缕水汽冒出,那些茶叶静静地浮着。年轻人不解地询问住持说:"贵寺怎么用温水泡茶?"

住持微微一笑,也不解释,只是示意年轻人说:"施主请用茶吧。"年轻人只好端起杯子,轻轻呷了两口。住持说:"请问施主,这茶可香?"

年轻人又呷了两口,细细品了又品,摇摇头说:"这是什么茶?一点儿茶香也没有呀。"住持笑笑说:"这是江浙的名茶铁观音啊,怎么会没有茶香?"年轻人听说是上乘的铁观音,又忙端起杯子吹开浮着的茶叶呷了两口,又再三细细品味,还是放下杯子肯定地说:"真的没有一丝茶香。"

住持又是一笑,吩咐门外的小和尚说:"再去烧一壶沸水送过来。"小和尚又应诺着去了。很快,便提来一壶壶嘴吐着浓浓白汽的沸水进来。住持起身,又取过一个杯子,捏了把茶叶放进去,稍稍朝杯子里注了些沸水,放在年轻人面前的茶几上。年轻人俯首去看杯子里的茶,只见那些茶叶在杯子里上上下下地沉浮，随着茶叶的沉浮，一丝细微的清香便从杯子里幽幽地逸出来。

嗅着那清新的茶香，年轻人禁不住要去端那杯子，住持忙说："施主稍候。"说着便提起水壶朝杯子里又注了一些沸水。年轻人低头再看杯子，见那些茶叶上下沉浮得更密集了。同时，一缕更醇更醉人的茶香升腾出杯子，在禅房里轻轻地弥漫着。住持如是地注了5次水，杯子终于满了，那绿绿的一杯茶水，沁得满屋生香。

住持笑着问道："施主可知道同是铁观音却为什么茶味迥异吗？"年轻人思忖说："一杯用温水冲沏，一杯用沸水冲沏，用水不同吧。"

住持微笑着点头："用水不同，则茶叶的沉浮就不同。用温水沏的茶，茶叶就轻轻地浮在水之上，没有沉浮，茶叶怎么会散逸它的清香呢？而用沸水冲沏的茶，冲沏了一次又一次，茶叶沉了又浮，浮了又沉，沉沉浮浮，茶叶就释出了它春雨的清幽、夏阳的炽烈、秋风的醇厚、冬霜的清冽。世间芸芸众生，又何尝不是茶呢？那些不经风雨的人，平平静静地生活，就像温水沏的淡茶平静地悬浮着，弥漫不出他们生命和智慧的清香，而那些栉风沐雨、饱经沧桑的人，坎坷和不幸一次又一次袭击他们，就像被沸水沏了一次又一次的酽茶，他们在风风雨雨的岁月中沉沉浮浮，于是像沸水一次次冲沏的茶一样，逸出了他们生命的一脉脉清香。"

是的，浮生若茶。我们何尝不是一撮生命的清茶？而命运又何尝不是一壶温水或炽烈的沸水呢？茶叶因为沸水才释放了它们本身蕴含的清香。而生命，也只有遭遇一次次的挫折和坎坷，才能留给我们脉脉的幽香。

无论我们经历过多少悲喜，那都是生命给予我们的珍贵礼物，好好爱惜它们吧，让生命中每一个年龄都有各自的精彩。

切记，年龄是一个误区。想想看，对于每一个人来说，生命里充满了变数，任何一点儿变化都可能演绎出一个完全不同的人生。在这完全不可预测的无数变化中，只有年龄的变化是可预知的，可是人们却总在力求知道那些不可预知的变化，而对年龄遮遮掩掩、虚虚实实、悲悲喜喜。

不爱惜自己的人，就像随意抛掉手中的沙，甚至到年迈时才惊觉浪费了生命。而对于有智慧的人来说，既会不松不紧地握着这把沙，又不会企图把沙粒留住，因为，他有比这更重要的事要去做，他要活在当下！

在快节奏的生活中放松自己

现代社会的生活节奏越来越快了，有些男人觉得自己像一条无助的小鱼一样，只能被潮流裹挟着向前游，完全没有机会放松自己。其实，你固然改变不了社会大环境，但却可以在个人生活上做点儿文章，使自己适应快节奏生活，同时又能享受轻松快乐。

1. 合理安排自己的生活

社会竞争日趋激烈，现代生活纷繁复杂、瞬息万变，但若合理安排，就能够让生活轻松、快乐。所谓合理，即是根据自己的生活、工作、学习的实际情况，一年四季的气候变化，自己身体的健康状况及对工作的应酬能力安排好一天、一周、一个月的生活。明确什么时候应该做什么事，什么事应该什么时候做，不随意变动。当然，合理安排好自己的生活可使自己的生活忙而不乱、有条不紊，但最重要的还在于，可以养成良好的生活习惯。

2. 注意劳逸结合

尽管工作有时让你应接不暇、忙碌不停，但8小时之外，还应有可供自己支配的自由时间。不论体力劳动者还是脑力劳动者，都应在8小时工作之外，放松休闲，应该有让精神和体力恢复的时间。听听音乐、散散步，从而获得精神的轻松与愉快。最好不要在休息娱乐的时间里再增加大脑的负担，比如参加竞争性很强的娱乐活动、看惊险紧张的影视作品等，有计划地调节劳逸有益于身心健康。

3. 合理地调控时间

要合理安排每天的工作、学习和生活，实事求是地制订出每日、每周，甚至每月的工作计划及需要完成的目标，养成尽可能在限定时间内完成计划与任务的良好习惯。掌握时间的主动权，尽量避免由于时间安排与实际活动的冲突而造成的手忙脚乱。俗话说"一步慢，步步慢"，事情也会越积越多，会增加心理压力而使自己感到惶惶不可终日，日子当然也就轻松不起来了。

4. 别忘了给自己留有余地

应在每天工作与生活的时间安排上计算提前量，养成遇事提前行动的好习惯。例如，你清晨起床、洗漱、用早餐，然后赶车，准8点上班，恰好要用去一个半小时，若6点半起床时间刚好够用，那么，你不妨6点就起床，这样留有半小时的富余，便可从容行事。在上班途中，即使遇到堵车等意外时也会不急不躁，减少心理压力。其他如访友、看球赛、看电影也应当如此。

5. 集中精力提高工作效率

从事某种紧张活动时，大脑皮层相应的神经中枢部位及各部分器官，都处于兴奋状态，这种兴奋不是长时间不变的，过一段时间就要被抑制。因此，必须紧紧抓住这个时机，在大脑兴奋的状态下，把工作做好，这样不但提高了工作效率，也充分利用了大脑。

6. 不要太过逞强

现代生活不仅节奏快，同时也充满了激烈的竞争，但个人能力总是因人而异，而且是有限度的，太过逞强只会让自己活得越来越累，因此，每个人都应实事求是地衡量和估计自己，绝不要拼命蛮干，最后落得事业未成、身体累垮的结果，这该多么得不偿失啊！生活上则要知足常乐，量力而为，不盲目攀比，追求虚荣。坚持合适标准，在合理的范围内安排好自己的生活，这样你就会常常感到心安理得，从容自在。

7. 主动释放压力

当感到压力太大时，应当学会主动疏导、发泄，把自己的烦恼讲给亲人、同学、朋友，让郁闷释放出来，这样就可以减轻压力。

抱怨不会让你的生活变得轻松，抗拒也不能让你更快乐，只有自我调节好，才能让你更好地安排生活，从而适应生活。

合理安排时间会使生活更轻松

每一个杰出的人，都善于把握时间、运用时间，在最短的时间内做最多的事情。美国一所大学的科研人员对3000名大学生做过调查发现，凡是成绩优秀的学生都善于安排时间。有时，成功与否的界限就在于怎样分配和利用时间。许多人往往认为，不过是几分钟、几个小时的时间嘛，有什么了不起，实在不行明天再去做。但是，这就是杰出者与平庸者对待时间态度上的根本差异。

科学地安排时间的能力，是一个成功人士必备的基本素质，可许多人觉得，提高效率没有错，但不能不顾条件和环境制约，主张一切"慢慢来"。明明三下五除二就可以解决的问题，到了某些人手中却非得拖个少则几天，多则几个月，使许多事情事倍功半，究其原因，在于许多人心中缺乏时间观念，没有一个明确而高效工作的方式方法。现代社会已进入到市场经济、信息时代，任何陈旧的想法都应当主动抛弃。现代社会的竞争是能力的竞争、学识的竞争，也是效率的竞争，只有懂得合理安排自己时间的人，才有可能在效率上胜人一筹。

对于从事体力劳动的人来说，如果休息时间多的话，工作效率也会很高。弗雷德里克·泰勒，在贝德汉姆钢铁公司担任科学管理工程师的时候，就曾以事实证明了这个道理，泰勒选了一位名叫施密特的先生，让他按照马表的规定时间来工作。有一个人站在一边拿着一只马表来指挥施密特："现在拿起一块铁，走……现在坐下来休息……现在走……现在休息。"他曾观察过，工人每人每天往货车上装大约12.5吨的生铁，到中午时就已经筋疲力尽了。在对所有产生疲劳的因素作了一次科学性的研究之后，泰勒认为这些工人不应该每天只运12.5吨的生铁，应该每天运到47吨。照他的计算，他们应该做到目前成绩的4倍，而且不会疲劳，只是必须运用合理的方法，这种方法就是一边休息，一边工作。

结果可想而知，别人每天只能装运12.5吨的生铁，而施密特每天却能装运到47.5吨生铁，而且弗雷德里克·泰勒在贝德汉姆钢铁公司工作的3年里，施密特的工作效率从来没有降低过，他之所以能够做到，是因为他在疲劳之前就有休息的时间，每个小时他大约工作26分钟，而休息34分钟。他休息的时间要比他工作的时间多，可是他的工作成绩却差不多是其他人的4倍！

有句话说得好："从一点一滴的小事可以看出一个人未来的发展。"一个人要做事、成就一番事业，没有好的习惯是不行的。严格遵守作息制度，可以使我们在学习时集中精力，提高效率。因此，生活有规律，对学习、工作和保护神经系统以及整个身心健康都很有益处。

良好的作息习惯，意味着要顺应人体的生物钟，按时作息，有劳有逸；按时就餐，不暴饮暴食；适应四季，顺应自然；戒除不良嗜好，不伤人体功能；尤其要保持足够的睡眠，保证每天有一定的体育锻炼。

人类的生活，有许多生理现象都要受到自身存在的一种与时间因素有关的物质的控制。这种物质与日常的钟表有着类似的作用，被称为"生物钟"。人体生物钟是一种复杂的生理过程，由松果体来"指挥"。松果体是脑内一个豌豆大小的腺体，分泌的激素叫松果体素（也叫退黑激素）。生物钟紊乱，松果体素急剧减少或丧失正常节律，将造成体内许多生理功能的紊乱，出现疲劳、睡眠障碍、内分泌失调、免疫功能下降，损害健康，甚至很容易生病。

如果能根据人体的这一生物钟安排作息时间，使生活节奏符合人体的生理自然规律，就可以保持充沛的精力，不容易得病。

不同的人，生物钟的规律也不一样，大致分三类：昼型、夜型、中间型。但对于大多数人来说，不管生物钟是什么类型，都应当有这样一个共识：上午8点开始，要进入学习状态，白天的学习任务安排得满满当当。如果过分强调夜型，非通宵达旦学习不可，等太阳升起来，你却要倒床睡觉了，想想吧，这多么可惜！所以我们不应该过于强化自己的生物钟类型，而应该适应学习的规律。

拿破仑·希尔到麦迪逊广场花园去拜访一位参加过世界骑术大赛的骑术名将吉恩·奥特里。他注意到他的休息室里放了一张行军床，"每天下午我都要在那里躺一躺，"吉恩·奥特里说，"在两场表演之间睡一个小时。"他继续说道："当我在好莱坞拍电影的时候，我常常靠坐在一张很大的软椅子里，每天睡两次午觉，每次10分钟，这样可以使我精力充沛。"

男人必须明白时间既不可逆转，也不能贮存，是一种不可再生的特殊资源，它的有限性决定了你必须很好地规划它，做到有效利用才能让它发挥最高效力。你生存的价值和境界就体现在你利用时间取得的成绩上。所以请不要忽视这个看不到、摸不着的东西。

只有放弃，才能享受快乐

常听到男人感叹活得太累，负担过重，但不知你想过没有，这负担都是你自己加上的，你忙着社交应酬、忙着钻营求地位、忙着求虚荣求名利……尽管人生奋斗的目的是获得，但为了让自己的人生更顺畅，对于一些不必要的东西是必须放弃的。

学会放弃，是放弃那种不切实际的幻想和难以实现的目标，而不是放弃为之奋斗的过程和努力；是放弃那种毫无意义的拼争和没有价值的索取，而不是丧失奋斗的动力和生命的活力；是放弃那种为争取金钱地位的搏杀和奢侈的生活，而不是失去对美好生活的向往和追求。

面对纷繁复杂的世界，懂得放弃的人，是会用乐观、豁达的心态去对待没有得到的东西的人，他们每天都有快乐和愉悦的心情伴随左右；而不懂得放弃的人，只会焦头烂额地横冲乱撞，他们不仅最终不能达到目标，而且每天都陷于得失的苦恼之中。

也许放弃当时是痛苦的，甚至是无奈的选择。但是，若干年后，当我们回首那段往事时，我们会为当时正确的选择而感到自豪，感到无愧于社会、无愧于人生。也许正是当年的放弃，才得以到达了今天光辉的顶点和成功的彼岸。

有一首老歌，歌词最后几句是这样的："原来人生必须学会放弃，答案不可预期；原来结果最后才能看得清，来来回回何必在意。"是啊！人生在世，何惧放弃。

那么我们如何做到勇敢放弃呢？

我们要简化自己的人生。我们要经常地有所放弃，要经常地否定自己，把自己生活中和内心里的一些东西断然放弃。

如果我们永远凭着过去生活的惯性，日常积累的经验，固守已经获得的功名利禄，想要获取所有的金钱职位，什么风头利益都要去争，什么样的生活方式都让我们眼花缭乱，什么朋友熟人都不愿得罪，这样我们会疲于应付，把很多时间和精力都花在无谓的纷争与无穷的耗费上，这样不仅自己的正常发展受到限制，甚至迷失了自己真正应该前行的方向。

在人生的一些关口，我们的生命中会长出一些杂草，侵蚀我们美丽而丰富的人生花园，摧毁我们幸福家园的麦地。所以我们必须要铲除这些杂草。放弃不适合自己的职业，放弃不适合自己的职位，放弃暴露你弱点与缺陷的环境和工作，放弃实权虚名，放弃人事的纷争，放弃变了味的友谊，放弃失败的爱情，放弃破裂的婚姻，放弃没有意义的交际应酬，放弃坏的情绪，放弃偏见恶习，放弃不必要的忙碌与压力。

铲除我们人生土地和花园里的这些杂草害虫，我们才有机会同真正有益于自己的人和事亲近，才会获得适合自己的东西。我们才能在人生的土地上播下良种，致力于有价值的耕种，最终收获丰硕的果实，在人生的花园里采摘到艳丽的花朵。

放弃得当，是对羁绊自己的樊篱的一次突围，是对消耗你的精力的人事的有力回击，是对浪费生命的敌人的扫射，是你在更大范围中发展生存的前提。

放弃得当，是对自己沉重的背包的一次清理，丢掉那些不值得你带走的包袱，拿掉拖累你的行李物件，你才可以简洁轻松地走自己的路，人生的旅行才会更加愉快，你才可以登得高、行得远，看到更美、更多的人生风景。

放弃那些不适合自己去充当的社会角色，放弃束缚你的世故人情，放弃伪装你的功名利禄，放弃徒有虚名的奉承夸奖，放弃各种蒙住你眼睛的遮羞布，你才能够腾出手来，用足够的精力和智慧来赢取你真正应该有的东西，充分地努力做好自己应该做的事，自由自在地发掘自己的潜力，明确地直奔自己应该追求的目标，坚定不移地走自己的路，充分实现自己的人生价值。

如果我们不及时地将损害我们的杂草和肿瘤放弃，不及时地将它们从我们的生活中铲除，从心灵中清理出去，它们就会妨碍我们本应快乐拥有的一切，绊住我们努力前进的脚，蒙住我们判断是非的眼睛，破坏我们的生存环境，占据我们宝贵的人生空间，榨干我们生命土地里的水分和营养，打乱我们的发展次序，给人生添乱添烦。

生命对我们每一个人来说只有一次，我们不能让太多的、无关的人事功名来消耗我们的光阴和智慧；也不可能去成就多种事业，做到名利双收、事事如意；更不能和那些消耗我们的人和事来个持久战，让它们给我们不断地带来麻烦和损失。我们要用放弃来保护自己，成就自己，勉励自己。

放弃，需要背水一战的勇气和魄力，放弃是痛苦的、是残酷的、是难舍的、是悲凉的，需要心灵太多的挣扎和勇气，放弃意味着永远的丧失和缺憾，甚至有时需要我们重整旗鼓，从头来过。

放弃，尤其需要你调动自己的智慧和勇气，做出周密无悔的判断，下定一往无前的决心，然后破釜沉舟，果敢行事。

定位，要求我们学会争取，也要求我们学会放弃。如果你感到太苦、太累、太烦、太忙、太杂；如果你有太多的心事和苦恼；如果你失去了表现真我的机会；如果你没有得到真爱与真情；如果你的生活被众多的迷雾遮住了眼，这说明你的定位出现了偏差，说明你应放弃一些包袱和拖累。

一生之中，我们会遇到太多的诱惑，因此我们必须学会放弃，放弃那些对我们来说并非必要的东西，专注地把握自己真正的志趣和才能，这样人生才会富有内涵，回首人生时才会少一些遗憾。

让心灵回归宁静

动是世界的阳面，静是世界的阴面。阳面，是看世界的；阴面，是想世界的。动，是世界的亨通；静，才是世界的推动。

所以，人在行动的时候，往往会被认为很有力量，其实人在思想的时候，最有力量。

静不下来，是对静的意义认识不足；处变不惊，你才能静下来。

世界震动，许多人必然恐惧，如果因恐惧而戒备，后来就会幸福。当灾难来临，恐惧万分，但过后就忘记，谈笑自若，不知警惕，这样没有好处，将来要吃大亏。只有平时戒备的人，当突然遭到震惊，才不至于不知所措。

你要静得下来，要对周围发生的一切，有足够的思想准备，要知道发生的一切对你没有什么影响。即使有影响，你也有能力应付，这样，你才能静得下来。只有汲取了教训，你才能静得下来。

过去发生的事情，曾经使你夜不能寐、惊恐万状，但你已经有了经验了，再次发生这样的事情，你就能安静如初。你经历了打击，经历了磨难，以后你重新面对这一切的时候，你内心也会平静如水。

没有静思，总在动，不会有什么好结果。

江河奔腾，虽然能够百川汇海，然而，每一条江河都宣泄无度，就会泛滥成灾。民情沸腾，虽然能够百业兴旺，然而，每一个人都狂热无度，就会歇斯底里。群芳尽绽，虽然能够春光妖娆，然而，每一朵花都争奇斗艳，繁荣的背后已经隐藏着衰败。进而不急，动而不躁，张而不露，才是动的极致，也是静的基础。

静能生美、静能出思、静是万动之源，你为什么不先静下来呢？

生活不安定，思想不安定，周围就会缺少关照的人，心里一定很悲戚。这个时候，情绪容易激动。千万要坚守正道，小心行事。如果行为不安定了，那就要有一个固定的住所，把身先安定了，然后安定心灵；如果心灵不安定了，那就要出游，要在山水间求得心灵的安定。

奥地利诗人莱瑙讲过一个关于三个吉卜赛人的故事，他们三人正在沙漠中间一个荒凉的地方。第一个吉卜赛人手拿提琴，悠然自得，自拉自唱一首热情的歌曲，夕阳就映照在他坚毅的脸上；第二个吉卜赛人嘴里衔着烟斗，望着袅袅的烟雾，还是那样的快乐，好像世界上没有什么让他忧愁的；第三个吉卜赛人却愉快地睡着了，他的提琴就丢在草丛中，风儿掠过他的琴弦，也掠过他的心房……

大度、随和，是安定的支柱。贪婪、猜疑，是安定的蛀虫。在复杂的现代社会，心灵的宁静对于大多数人来说，仍然遥不可及。人生旅途，漫漫长路，终究一切成空。既然如此，又何必苦苦执迷于其中？倒不如放慢匆忙的脚步，细享千秋甘雨露，静听万古海潮音，让心灵变得充盈，让生活变得从容而淡定。让心平静下来，以泰然之心处事，才是人生的最高境界。

第八辑

CHAPTER 8

精品男人离不开健康的体魄

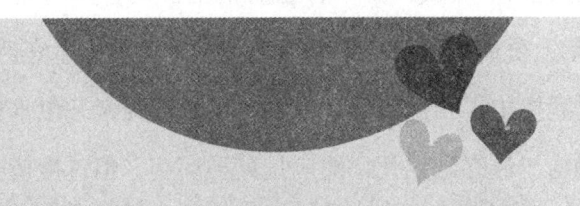

有些现代男人以损害健康为代价追求高品质的生活，却不自觉地陷入了生活的误区。只有拥有健康，才能谈得上高品质，"以健康为中心"是这个时代的精品男人"高品质生活"的新内涵。

透支什么也不能透支健康

20世纪七八十年代，日本著名的精工公司、川崎制铁和全日航空公司等12家大公司的总经理相继突然去世（年龄大多在四五十岁），从此，日本民间提出了"过劳死"一词。虽然从医学角度准确来说，疲劳只是一种症状，最终导致死亡的应是某种疾病，但过度疲劳所导致的危害切切实实存在于我们的生活中。

并不是没有疾病显现的时候你就一定健康，有时候威胁我们生命的东西正在伺机而动，而疲劳就是不堪负荷的身体给予我们的警示信号。但是，往往是浓茶、咖啡和精神的高度紧张让我们感受不到疲劳，并不知道健康已经被我们不知不觉地透支了。人，只有知道自己已经深陷疲劳之中，才会了解其中的危害，才会关爱自己，才会投资健康。研究者认为，有27项症状和因素可以让你对照检查自己是否正受到过劳死的威胁，27项症状和因素分别是：

1.经常感到疲倦，忘性大；2.酒量突然下降，即使饮酒也不感到有滋味；3.突然觉得有衰老感；4.肩部和颈部发木发僵；5.因为疲劳和苦闷失眠；6. 有一点小事也烦躁；7. 经常头痛和胸闷；8. 发生高血压；9. 体重突然增大，出现"将军肚"；10. 几乎每天晚上聚餐饮酒；11. 一天喝5杯以上咖啡；12. 经常不吃早饭或吃饭时间不固定；13. 喜欢吃油炸食品；14. 一天吸烟30支以上；15. 晚上10时也不回家或者12时以后回家占一半以上；16. 上下班单程占2小时以上；17. 最近几年运动时也不流汗；18. 自我感觉身体良好而不看病；19. 一天工作10个小时以上；20. 星期天也上班；21. 经常出差，每周只在家住两三天；22. 夜班多，工作时间不规则；23. 最近有工作调动或工作变化；24. 升职或者工作量增多；25. 最近以来加班时间突然增加；26. 人际关系突然变坏；27. 最近工作经常失误或者易和别人产生矛盾。

疲劳已成为危害现代人健康的最大杀手，消除疲劳并不是什么难事，专家开出了4剂药方。

1. 消除脑力疲劳法：适当参加体育锻炼和文娱活动，积极休息。如果是心理疲劳，千万不要滥用镇静剂、安眠药等，应找出引起忧郁的原因，并求得解脱。若是病理性疲劳，应及时找医生检查和治疗。

2. 饮食补充法：注意饮食营养的搭配。多吃含蛋白质、脂肪和丰富的B族维生素食物，如豆腐、牛奶、鱼肉类，多吃水果、蔬菜，适量饮水。

3. 休息恢复法：每天都要留出一定的休息时间。听音乐、绘画、散步等有助于解除生理疲劳。

4. 科学健身方法：一是有氧运动，如跑步、打球、打拳、骑车、爬山等；二是腹式呼吸，全身放松后深呼吸，鼓足腹部，憋一会儿再慢慢呼出；三是做保健操；四是点穴按摩。

生活并不容易，有时需要我们付出许多，如付出金钱、付出亲情、付出时间……但不管作出多大的付出，都不应以透支健康为代价，因为只有健康才能享受幸福。

一定要学会为自己减压

人们常说："有压力才有动力。"适度的压力促使人们超水平发挥。它可以使我们心跳加快、呼吸加速、血压增加、加速血液循环，使我们能有效地对付或逃离危险。但是，长期处于压力之下，也会给健康带来隐患，如果你长期承受超负荷的压力，就会耗尽恢复元气的体力。中医很早就有"抑郁成疾"、"气滞血淤"的说法，如何化解这些繁重的压力，让心灵放松，让自己体会到生活的快乐便成为现代人必须面对的新课题。

有位医生在替一位卓越的实业家进行诊疗时，劝他多多休息，因为他的健康已经受到了严重的威胁。"我每天承担着巨大的工作量，没有一个人可以分担一丁点的业务。大夫，你知道吗？我每天都得提一个沉重的手提包回家，里面装的是满满的文件呀！"病人无奈地说道。

"为什么晚上要批那么多文件呢？"医生惊讶地问。

"那些都是必须处理的急件。"病人不耐烦地回答。

"难道没有人可以帮你的忙吗？助手呢？"医生问。

"不行呀！只有我才能正确地批示呀！而且我还必须尽快处理完，要不然公司怎么办呢？"

"这样吧！现在我开一个处方给你，你能否照着做呢？"医生思考了一会儿说。

处方规定：每天散步两小时；每星期空出半天时间到墓地去一趟。

病人莫名其妙地问道："为什么要在墓地待上半天呢？"

医生不慌不忙地回答："我是希望你四处走一走，瞧一瞧那些与世长辞人的墓碑。你仔细思考一下，他们生前也与你一样，认为全世界的事都得扛在双肩，生活的幸福就是要靠他们一刻不停地工作来获取的，如今他们全都长眠于黄土之下，也许将来有一天你也会加入他们的行列。然而，整个地球的活动还是永恒不停地进行着，而其他世人则仍是如你一样继续工作。我建议你站在墓碑前好好地想一想这些摆在眼前的事实，看清楚你以健康为代价换来的生活是否让你觉得幸福。"

医生这番苦口婆心的劝说，终于敲醒了病人的心灵，他依照医生的指示，放慢生活的步调，并且转移了一部分职责。他知道生命的真谛不在于急躁或焦虑，他的心态已经平和，健康得到了改善，当然事业也蒸蒸日上。

日有日的规律，月有月的循环，年有年的往复，万事万物都有它自然的节奏，我们的身体也不例外。可以说，生物节奏与我们的健康关系十分密切。人和自然是统一的整体，存在着神秘而微妙的对应关系，我们的生理活动随着昼夜交替、四季变化，也在进行着周期性的节律活动。

现代生活节奏不断加快，我们也在加快着自己的步伐，对于工作想用最短的时间获取最大的收获，对于娱乐休闲也想依此处理。然而，我们得到的却是越来越重的压力,似乎有永远也处理不完的事务、短暂而且无益的休闲、混乱的生物钟、提早衰老的身体……

随着健康的远离,我们甚至没有时间停下来想一想,生活的真谛在哪里?我们不否认"人应该努力工作",但是在追求个人成就的同时,不应该舍弃自己的健康,否则就称不上高品质的生活。工作的同时也要学会娱乐,什么时候你学会为自己减压了,才能真正过上快乐幸福的生活。

从紧张的工作中解脱出来

生活中,人们常会感到工作的紧张,它比电话占线和早上堵车更为普遍。人们对付它的办法包括加快午餐时间、早起床、加班、强制性地吃饭、喝酒或咖啡,甚至服药。

与工作相关的紧张,造成效率降低,工作成果下降,它也会威胁男性的健康。实际上,人们已认识到,工作环境所造成的长期紧张是今天最严重的健康问题之一。与工作紧张相关的是医学问题,包括高血压、胃炎、溃疡、结肠炎和心脏病,还加上肥胖症和酒精中毒。美国的紧张研究所指出,70%~90%的就诊病人,其发病诱因皆为与紧张相关的机能失调。

从长远观点看，工作紧张会导致健康的全面崩溃。早期出现的症状为精神倦怠，体质下降，容易生气发怒和抑郁沮丧。到了晚期，病入膏肓，在情绪上则陷入极度的悲观中，有人甚至患上了"上班恐惧症"，完全失去了自信。

鉴于这种情况，在西方已有很多家公司提出了一些缓解紧张的管理方案，它们包括从最普遍的控制饮用含酒精的饮料，到体育锻炼和参加静思养神培训班。例如，美国纽约电话公司就要求所有雇员定期检查身体，并且给被与紧张有关的问题所困扰的人开设静思养神培训班。

在国内，即使你所在的单位并不实行缓解紧张方案，你也可以自己解决这一困扰。重要的是，要认识到，你是无法躲避紧张的。实际上，它是任何工作中都不可缺少的一部分，它随你工作压力的增大而增加，苛刻的任务期限和上司发脾气之类的事情都会对你造成压力。

虽然你不可能逃避工作紧张，但你可以学会如何对付它。第一步是要在紧张刚产生的阶段就发现它。持续不断的头痛或反胃，表明你的紧张程度已很高。一旦你已体会到紧张，就得想办法将它控制住。也许，你可以通过多吃些有益健康的食物或进行有规律的体育锻炼来进行自我调节。

除此之外，人们还应该怎么做呢？

1. 正确地评价自己。永远保持一颗平常心，不要与自己过不去，不要把目标定得高不可攀，凡事需量力而行，随时调整目标未必是弱者的行为。

2. 处理好事业与家庭的关系。家庭的和睦与事业的成功绝非不可调和的矛盾，它们的关系是互动的，"家和万事兴"，无力"齐家"，恐怕也无力"平天下"。

3. 面对压力要有心理准备。要充分认识到现代社会的高效率必然带来高竞争性和高挑战性，对于由此产生的某些负面影响要有足够心理准备，免得临时惊慌失措，加重压力。同时，要保持正常心态、乐观豁达，不因逆境而心事重重。

4. 要培养自己有一个宽广豁达的胸怀。与人为善，大事清楚，小事糊涂。郑板桥的一句"难得糊涂"传诵至今，就是因为其中道出了人生哲理。

5. 丰富个人业余生活，发展个人爱好。生活情趣往往让人心情舒畅，绘画、书法、下棋、运动、娱乐等能给人增添许多生活乐趣，调节生活节奏，能使人从单调紧张的氛围中摆脱出来，走向欢快和轻松。

紧张地工作不是最好的生活，它很容易损害你的健康，因此，你应该找一些事情来做，把自己从工作的紧张感中释放出来。

生活一定要规律化

公鸡破晓啼鸣，蜘蛛凌晨结网，牵牛花凌晨开放，大海潮汐涨落也自有其规律。人体的一切生理活动也是有着一个严密的周期规律的，当我们的血压、脉搏、心跳、神经的兴奋与抑制、激素的分泌等生理活动都遵循这种规律的时候，我们就会精力充沛、身体健康；反之，则会衰弱、生病，甚至死亡。

德国哲学家康德活了 80 岁，在 19 世纪初算是长寿老人。有人对康德作了这样的评述："他的全部生活都按照最精确的天文钟作了估量、计算和比拟。他晚上 10 点上床，早上 5 点起床。接连 30 年，他一次也没有错过点。他 7 点整外出散步，当地的居民都按他的活动来对钟表。"据说康德生下来时身体虚弱，青少年时经常得病，后来他坚持按照规律生活，按时起床、就餐、锻炼、写作、午睡、喝水、排便，形成了"动力定式"，身体由弱变强。

世界卫生组织 1991 年向全世界宣布："个人健康和寿命 60% 取决于自己，15% 取决于遗传，10% 取决于社会因素，8% 取决于医疗条件，7% 取决于气候的影响。"有规律的生活方式决定你的身心健康。威胁人类健康最大的疾病就是生活方式病，又称"文明病"、"富贵病"。人们大多数死于自己培养起来的生活方式和行为，这不是自然灾害，是人为灾害。

有些人工作的时候加班加点，周末的时候通宵泡吧、搓麻将，生活全无规律可言。虽然现在医学发达，生活水平也有所提高，但是你认为自己会像康德一样活到 80 岁吗？即使能活到 80 岁，那时的你是坐在轮椅上寸步难行，还是不用劳烦别人就能自在地散步呢？

在酒桌上，常有人会这样说："我的肝脏都让酒精泡坏了，等老了可有我受的。"因为"老年"还没到来，这种担忧也显得不太认真，于是说这话的人依旧大吃大喝，继续伤害着自己的肝脏。

有许多人为了早晨多睡几分钟，就放弃了吃早餐，工作一忙，吃饭也就没有了规律。这样的人一边吃着大把的胃药，一边继续着这种虐待自己胃的生活。为什么我们不能让自己生活得规律一些呢？处于亚健康状态的人，既有坠入疾病深渊的可能，也有成为健康人的希望，关键看你如何善待自己，而规律的、有节制的生活正是帮你摆脱亚健康的重要手段之一。

把粗茶淡饭"捡"回来

人的身体是由千千万万的细胞所构成的，每个细胞都有吸收营养物、氧气与排泄废物的功能；如果这种机能遭到损害，细胞就会退化衰弱，同时靠细胞来构造的各种器官，也会随之而退化衰弱。

要给细胞补充营养，最简单的办法当然是吃东西——这也是我们生存所必需的，但是，我们每天所吃的食物究竟是在给我们的身体补充营养，还是在添加毒素？这些没有多少人能说得清楚。

煎炸食品会产生一种名叫苯并芘的致癌物质，所以炸鱼炸肉、烤羊肉串、炸鸡等食品不宜多吃。然而，令人遗憾的是，一些人受西方饮食影响，喜爱吃洋快餐，这对人们的健康非常不利。而且人们一直认为炸淀粉类的食物比较安全，但研究发现，淀粉类食物煎炸后会产生"丙烯酰胺"，也是容易致癌的物质，所以，淀粉类的煎炸食品如炸薯条就不宜多吃。

目前，各种癌症的发生年龄有提前的趋势，这主要有四大原因：一是饮食过精，缺少多种纤维素和绿色蔬菜；二是过多食用煎炸食品，如炸鸡腿等；三是生活环境中空气、水、室内装修等污染严重；四是电脑等诸多家用电器带来的电子尘埃和电子微粒污染，影响人的中枢神经和免疫功能。

专家建议人们要把粗茶淡饭"捡"回来，平时多吃一些绿色蔬菜和含纤维素的食物，可以增加排便次数，把人体中产生的有害物质很快排出体外，减少有害物质的自我吸收率。特别是绿色蔬菜含有大量的维生素C，可以在胃内分解致癌物质亚硝酸胺盐，防止其形成。

有很多人认为，粗茶淡饭的确有好处，但是不利于孕妇、孩子、病人食用，因为无法提供他们所需的营养，其实，这是很错误的观念。

科学早已证实，所谓的粗茶淡饭包括各种谷类、豆制品、水果、蔬菜、牛奶，是非常完备的营养体系。而且素食绝对不含胆固醇与饱和脂肪酸，用不着担心会引发心脏、血管等疾病。

孙中山先生不仅是革命家、思想家、政治家，同时也是一位大力提倡素食的医师。孙中山先生曾经写过一篇《病者自述》，文中说：

作者曾得饮食之病，即胃不消化之症。原起甚微，常以事忙忽略，渐成重症，于是自行医治；稍愈，仍复从事奔走而忽略之，如是者数次，其后则药石无灵，只得慎讲卫生，凡坚硬难化之物，皆不入口；所食不出牛奶、粥糜、肉汁等物。初颇觉效，继而食之半年以后，则此等食物亦归无效，而病则日甚，胃病频来，几无法可治。用按摩手术以助胃之消化，此法初施，亦生奇效。而数月后，旧病仍发，每发一次，比前更重，于是更觅按摩手术而兼明医学者，乃得东京高野太吉先生。

先生手术固超越寻常，而又著有《抵抗养生论》一书，其饮食之法，与寻常迥异。寻常西医饮食之法，皆令病者食易消化之物，而戒坚硬之质，而高野先生之方，则令病者戒除一切肉类及溶化流动之物，如粥糜、牛奶、鸡蛋、肉汁等，而食坚硬之蔬菜、鲜果；务取筋多难化者，以抵抗胃肠，使自发力，以复共自然之本能。忘本取末则无能矣。

吾初不信之，乃继思吾之服粥糜、牛奶等物，已一连半年，而病终不愈，乃有一试其法之意。又见高野先生之手术，已能愈我顽疾，意更决焉。而行遂从之，果得奇效。唯愈后数月，偶一食肉或牛奶、鸡蛋、汤水茶酒等物，病又复发。始则以为或有它因，不独关于所食也，其后三四次皆如此，于是不得不如高野先生之法，戒除一切肉类、牛奶、鸡蛋、汤水茶酒，与乎一切辛辣之品，而每日所食，则硬饭、蔬菜，而以鲜果代茶水。从此旧病若失，至今两年食量有加，身体健康胜常。

孙中山先生早在几十年前对饮食的见解就已如此正确、精要，足以让还沉迷于肉食的人们作为参考。

其实，是吃精细食品还是吃粗茶淡饭，差别不仅在于养生观念的正确与否，还有一个习惯问题。我们习惯了精细食品的味道，隔一段时间不吃，就会想念。但是能品尝精细食品的只有舌头上的味蕾而已，食物一旦通过喉咙滑下食道，它的滋味就已不再重要，它在我们体内造成的效果才是真正值得我们考虑的。

健康来自精心调养

一个人身体的变化是一种生理规律,谁都无法阻挡。但对于事业来讲,大部分人都是在40岁这一阶段取得成功的,这恰好是人的身体由盛转衰的时期。那些平时注重身体保养与健康的人,这时可能会尝到甜头,而那些只顾拼命、不管身体健康的人则会吃尽苦头。更令人悲哀的是,有的人在事业有成、正该享受事业丰硕成果的时候,却大病缠身,一命呜呼。要是早知如此,他们平时一定会注意自己的身体。

所以我们要牢记:人活于世,健康第一。只有健康才能有未来,而健康是靠你去努力得到的,只要你愿意,你就可以得到它!

那么,一个人怎样才能保持住自己的健康呢?

第一,顺其自然地工作。头脑里不要时时惦记着工作这件事,这样会给你造成一种压力,压迫你去超负荷地工作,这对你的心理和精神都有负面影响。最好的办法是顺其自然。

第二,要节制欲望。在社会上做事,免不了要应酬,而应酬也要有所节制,不能想做什么就做什么。更不能陷入酒色财气中。否则害人害己,伤及身体。

第三,要时常活动筋骨。你可依据个人的体能、时间、场所,做各种不同的运动,不要说你太忙,忙不是一种理由!难道还有什么事比保全健康更重要的吗?

第四,身体检查也很重要。要经常做些检查,以便提早发现问题,避免酿成大祸。

除此之外，还必须学会在生活中以科学的方法调养身心，这样才能保持蓬勃的朝气。

在家中可以这样对自己进行一些调养身心的活动：1.清晨，在朝阳下散步、慢跑或倒走一刻钟，此时的太阳光射进视网膜，能阻止身体分泌一种令人昏昏欲睡的激素，使你情绪饱满，精神焕发；2.运动过后进行淋浴，但水温不要太高，不要洗热水泡浴，那会使你睡意更浓；3.淋浴时大声唱歌或者放些轻快的音乐，因为音乐能唤醒你的右侧脑，使你情绪高涨；4.当事务缠身感觉疲惫时，不妨丢开一切，做自己喜欢的事。如翻相册、写信给好友、出去买一件新衣服，等心情转好再列出计划完成工作。

在办公室：1.不要在太强的灯光下工作，强弱适中的光和恰当的光源有助于你集中思想，从头顶射下的高强度灯光可能会引起偏头痛，别忘了在工作间隙做做深呼吸，以吸入更多氧气；2.电脑发出的高频率信号有损你的注意力，因此，当你不用电脑或暂时离开办公室时就把电脑关掉，戴耳塞也是一种有效的方法；3.伏案工作时间过长，不妨打一两个呵欠，休息一下。打呵欠能帮助新鲜血液加速流向大脑，从而起到提神醒脑的作用，或者伸伸懒腰，调整一下姿势，以避免肩周炎之类的职业病；4.可适当调整办公室的布置，给人以面貌一新之感，也可以在办公室放置相框、喜欢的盆栽、油画或励志格言，使环境温馨，使你能从容应付具有挑战性的工作。

适当运动：1.感到精神不振时散步片刻，20分钟轻快的散步会在接下来的两小时内精力充沛；2.如果你正在执行一套完整的锻炼计划，每周应有一天休息，以恢复体力；3.以舒缓松弛的太极、印度瑜伽代替快节奏的健身操；4.大运动量的运动后不适合再干繁重的工作，而应充分地休息调整。

就寝：1.确定睡眠休息时间早晚的上限和下限，如晚上11点至早晨6点，避免养成睡懒觉的习惯；2.睡眠不足是精神萎靡的重要原因，提前半小时入睡，两周下来等于多睡一晚；3.中午小睡片刻有助于身体更好地调整和恢复；4.避免吃得过饱后立刻睡觉，消化困难会影响睡眠，应尽量在饭后两小时再入睡。

即使是一分钟的运动也能收到效果

每个人都知道运动的益处，但很多人却总是找不出时间来运动，或者认为只有在健身房里锻炼才算得上运动。

其实，运动是随时都可以做的，也用不着刻意腾出时间，仅仅一分钟就可以起到运动的效果。

纽约魏特利电脑公司的职员都在遭受一种困扰，因为工作性质的原因，他们每天要长时间地坐在电脑前，根本没有时间去运动。这使得他们中的大多数人开始长出了"将军肚"，腰部和肩膀、颈椎长时间疼痛，操纵鼠标的手腕受到损伤，眼睛视力下降，皮肤变得粗糙，关节不再灵活，连头发也过早地脱落……

在一次体检时发现，公司里的大部分员工都或多或少地患上了各种慢性病，他们的健康正一点一滴地被侵蚀着。

这时，公司的一位女经理格丽丝·戴维森开始倡导大家利用一分钟时间来做运动，她说："别告诉我你连一分钟的空闲时间都没有！"

格丽丝的办法很简单，每工作一小时左右，就用一分钟的时间活动一下手脚，可以坐在椅子上把腿伸直，然后转动脚踝——有的人可以听到自己的关节发响的声音，这说明他已经太缺乏运动了。让手指暂时离开鼠标和键盘，十指交叉，将手臂尽量向前或向上伸展。还可以调整一下坐姿，挺直腰背，让因为驼背而受到挤压的内脏减轻一下压力，同时收紧臀部，让那部分的肌肉也稍稍松弛一下。

她还要求员工们每隔一两小时就闭目养神一会儿，或者干脆离开电脑，到处走一走。员工之间有什么问题要交流，尽量少用电子邮件，而是起身走到对方面前用语言沟通。

这些小动作一旦养成了习惯，那些零散的一分钟所起到的作用让每个人都感到惊讶。一年之后，经体检证实，员工们的健康竟然有了很大的改善。

格丽丝的一分钟运动法既简单又有效，并且让那些懒于运动的人再也找不到偷懒的借口，你总不至于连一分钟的闲暇时间都没有吧？

要锻炼身体不一定非得去健身房，因地制宜，你处处都可以找到运动的乐趣。

坐公交车的时候尽量站着，在保持身体平衡的情况下，重复用将脚跟提起的办法来锻炼腿部肌肉，如果害怕动作幅度比较大会引起别人的注意，那就可以收紧臀部肌肉几秒钟后再放松，多重复几次就会有效果。手抓在吊环上，手臂可以微微用力，好让手臂的肌肉也有紧张感。

你还可以提前一站下车，用步行的方式到达目的地，别忘了走路可是最简单的、有效的健身方式。放弃电梯而走楼梯也是好办法。

在家里看电视的时候，不要把身体都蜷在沙发里，伸直腿运动一下脚踝，或是在脚底踩一个网球滚动，按摩一下脚底。

这些运动都不会浪费你太多的时间，也不用你花钱就可以做到。如果你连这些都不肯做，那就只能眼睁睁地看着自己的身体受损害了。要记住，你只有一个身体，任何一部分受到伤害，都是没有地方可以"换零件"的。即使换了，它也不会比"原装"的好用。

为任何事都不值得生气

智者说："暴怒源于内心的软弱。"没有人会因为生气而变得更强大、更富有、更快乐、更聪明或是更健康。

要保持良好的身体状况，必须要有高昂的情绪和健康乐观的思想。仁爱、平和、欣喜、欢快、善良、无私、知足、宁静，这些精神品质得于心而形于外，能使人体的各种机能和谐运转，赐予你健康的体质。

而愤怒、牢骚、忧虑、忌妒、自私、恐惧、仇恨、消极，这些不良的情绪会像魔鬼一样将我们引向低谷，不仅不利于事业的发展，而且还会严重地损害我们的健康。

新加坡有一位许哲居士，她出生于清光绪二十四年，今年已经113岁了。但是从外表看起来，这位百岁老人就像六十几岁的人一样，她头发银白，皮肤光滑，耳聪目明，手脚利落，精神、体力甚至不输给一般年轻人，尤其是当她柔软的肢体做瑜伽动作时，令观者无不为之赞叹。

她虽然已经113岁了，却仍然在为别人服务，在照顾着许多年纪比她小得多的老人，并随时随地关心周围的人。

常有人问许哲居士的长寿秘诀，她解释说，今天起来今天做工，不停地做工，做义工。同时，她不厌烦，不生烦恼心，不吃肉，不沾咖啡、烟、酒，所以，她的身心能常保平静、喜悦。

有记者问她，现在社会上有很多不道德的事发生，您看了生不生气？许哲居士说："街上有那么多人，我走到街上就会看见他们，但是回到家里就会全都忘了。对于那些不好的事，也是一样的。"不让外因触及自己的内心世界，也不让别人犯下的过错来扰乱自己的情绪。她说不能生气，一生气身体就像经过一次地震一样，三五天都恢复不过来，对身体的伤害太大了。

许哲居士关于生气对身体的影响的比喻真是太形象了，我们的身体就如同一个小小的地球，愤怒的情绪会让我们的身体遭受严重的灾难。

日本的江本胜博士著有《水知道答案》一书，在书中他用大量的照片证实了自己的论点。人体70%是水，人的生命在最初有90%是水，到老年身体衰弱的时候也还有大约60%的水分。可以说，人的一生都是离不开水的，我们身体的每一个细胞里都充满了液体，若说人体是由水构成的也并不为过。

江本胜博士发现，人的情绪对水结晶有着十分明显的影响。他做了一个试验，将两瓶取自同一水源的纯净水分开放置，其中一瓶让人每天对它说感谢的话，而另一瓶却让人对它说诸如"你是个浑蛋"、"我要杀了你"之类的话。结果，第一瓶水的水结晶庄严而美丽，散发着圣洁的光辉；而第二瓶水的水结晶却被破碎混乱得不成形状，丑陋而且充满了恶意的气息。由此可见，人的情绪和表现是在多么直接地影响着水结晶的变化。

那些破碎的水结晶要恢复正常状态，需要花很多时间，而且需要外界向它们传递健康的、正面的信息。所以说，如同我们的身体，在经历一次盛怒之后，可不就像经过了一场严重的地震吗？经常生气，身体就会一直处于这种余震未了、灾祸横生的状态，人的健康又怎么能不受损呢？

生气既不可能让你富有、强壮，也不可能提高你生活的品质，它除了暴露你的虚弱之外，还让你失去健康。只有那些有自制力的人，才不会沦为情绪的奴隶，才能阻挡负面的情绪损害自己的健康。

张弛有度，身心才会更健康

生活中，人们的眼睛往往只盯着排得满满的工作表，让自己忙碌得如同打转的陀螺，而这实在不是健康的生活态度，只有懂得放松，生活才会更美好。

不停地奔波、拼命工作，却永无止境，如同奔跑在一条环形的跑道上，无论你怎样坚持，实际上却怎么也找不到起点，也永远没有终点。于是，人就不再是生活着的人，而已经变成了工作的机器——似乎只需要持续地工作就行了。

生活中，造成人们这种经常性精神紧张的原因，主要源于自身定力的缺乏。人们还不习惯松弛大脑，总是把注意力放在"下一步该做什么"上。进餐时，似乎忘记了口中佳肴的美味，却一味琢磨着"餐后将会上什么甜点？"甜食端上餐桌后，又开始考虑"晚上该做什么？"而到了晚上又思索周末的安排。

而下班后，当我们带着一身的疲惫回到家中，不是躺下休息片刻，陪家人聊聊天，而是立即打开电视查看股市信息；拿起话筒与人通话谈论第二天的工作安排；翻书开始阅读；或是开始打扫卫生……我们真的是害怕"浪费掉"哪怕只是一分钟的时间，我们似乎总是在为将来而生活，为幻想中的美好前景而生活。

但是，一个人如果弓弦总是绷得很紧，就会觉得日子平淡乏味，并且很容易产生"疲劳综合征"。因此，人生既需要努力拼搏，也需要善于休息和娱乐，学会享受生活，从而才能在平淡的日子里产生出一种不

第八辑　精品男人离不开健康的体魄

平淡的感觉。

在美国东部的小镇上，人们的生活方式是这样的，他们很少有事"去做"，并会对你说："无事可做对你有好处！"你可能会认为主人是在跟你开玩笑，"我为什么要空耗时间，选择无聊呢？"但主人却很认真地告诉你，如果你能给自己腾出一点儿闲暇，花上一个小时或短一点儿的时间什么都不做不想，你将不会感到无聊与空虚，你会体会到生活的轻松愉悦。也许开始时你很不习惯——毕竟你是忙惯了的人，如同一个生活在大城市的人初到乡间时，会对新鲜空气很不适应一样。但只要坚持做下去，就一定能体会到放松身心的好处。

其实，如果放慢脚步你就会发现，在这个世界上，确实有许多美丽可爱之处值得我们去发现和欣赏。北宋时期著名学者程颢在《春日偶成》诗中写道："云淡风轻近午天，傍花随柳过前川。时人不识余心乐，将谓偷闲学少年。"在云淡风轻、晴朗和煦的春天，正是接近中午时分，诗人信步走到了小河边、田野里、河岸边，一簇簇的野花沐浴着春日的阳光，灿烂地绽放。河边的垂柳更是在春风里轻柔地摇摆着，这是多么美好的意境啊！旁人看到诗人这么悠闲，还以为诗人聊发了少年狂，像年轻人那样贪图玩乐呢！哪知道诗人此时此刻心情的惬意恬静呢？此时此刻，春天大自然的明丽柔美，与诗人自得其乐的闲适心情有机地融为一体。

当然，我们并不是想让大家学着偷懒，而是让大家学会一种生活的艺术——忙里偷闲，享受生活。要做到这一点，无须探寻任何技巧，而且随时随地都可以做到，只要允许自己偶尔忙里偷闲、无事可做，然后有意识地坐下来，停止手中的工作就可以了。

英国的一位知名经理人曾说过："当我脱下外套的时候，我的全部重担也就一起卸下来了。"我们要学会在日常的生活和工作中，善于脱下乏味和疲劳的外套。在办公室里自我调节有不少"脱外套"的方法，你可以望望窗外的景致，也可以体味一下大脑的思维和感受，一切顺其自然、不加控制即可。

还有一位大公司的总裁经常在工作紧张的空隙把房门紧闭，在办公室内跳椅子，美其名曰"室内跨栏"。大发明家爱迪生在千百次枯燥的实验中，常常用两三句诙谐的笑语逗得大家哈哈大笑、前仰后合。而林肯更胜一筹，他能在事态严重、大家精神紧张、面临很大压力的时候，用诙谐的语言或幽默的举动，将阴云密布的局面打破，以使大家心理松弛、思想活跃，寻找出解决难题的最佳办法。

实际上，许多真正的成功者，都是忙里偷闲的行家里手，都是心态健康平和的人。他们或者每天至少抽十几分钟空闲来进行沉思或神游，或者不时亲近一下大自然，再不然就躲进洗澡间舒舒服服地泡上半个小时，让自己放松下来。

一位医生举起手中的一杯水，然后问因劳累过度而住院的病人："你认为这杯水有多重？"病人回答说："大概50克。"

医生则说："这杯水的重量并不重要，重要的是你拿多久。拿一分钟，你一定觉得没问题；拿一个小时，可能觉得手酸；拿一天，可能得叫救护车了。"

其实，这杯水的重量是一直未变的，但是你如果拿得越久，就觉得越沉重。这就像我们承担的压力一样，如果我们一直把压力放在身上，不管时间长短，到最后，我们就会觉得压力越来越沉重而无法承担。

医生说:"我们必须做的是,放下这杯水,休息一下后再拿起这杯水,如此,我们才能够拿得更久。"

美国哈佛大学校长在来北京大学访问时,曾经讲了一段自己的亲身经历。有一年,校长向学校请了3个月的假,然后告诉自己的家人:"不要问我去什么地方,不要管我生活得怎样,我每个星期都会给家里打个电话,报个平安。"

校长只身一人去了美国南部的农村,尝试着去过另一种全新的生活。他完全忘却了自己的身份,到农场去打工,去饭店刷盘子。在地里做工时,背着老板吸支烟,或和自己的工友偷偷说几句话。这些有趣的经历都让他有一种前所未有的愉悦。

最后,他在一家餐厅找到一份刷盘子的工作,干了几个小时后,老板把他叫来,跟他结账:"没用的老头,你刷盘子太慢了,你被解雇了。"

"没用的老头"重新回到哈佛做校长。回到自己熟悉的工作环境后,他觉着以往再熟悉不过的东西都变得新鲜有趣起来,工作成为一种全新的享受。更重要的是,当他再回到一种原来的状态以后,就如同儿童眼中的世界,不自觉地清理了原来心中积累多年的垃圾。他通过这种定期给自己心理清污的方式,更好地享受到了工作和生活的乐趣。他的做法可谓别具一格。

其实,我们应当每天都安排自我放松的时间。让身心得到休息,一般30分钟即可,如心情过度紧张,可酌情延长。可以每隔一段时间和爱人讨论一下家务事,这种经常性的沟通不仅能增进夫妇感情,消除不必要的误会，也可以及时发现问题并妥善解决。休闲时多看喜剧，听听音乐，保持心情愉快。工作未做完之前，不要给自己一再加码，因为工作超出自己能承受的限度，最容易让人心烦意乱，而适度的放松，工作起来才更轻松、更有成效。

冲得太快，生活可能会让你感到窒息，因此，你应当经常让自己放松一下，这样你的身心才会更健康。